现代数学基础丛书·典藏版 29

# 代数拓扑与示性类

[丹麦] I. 马德森 著

科学出版社

北 京

## 内 容 简 介

代数拓扑学是从同调论发展起来的本书着重讨论各种同调理论之间的关系,以及在拓扑与几何中至关重要的示性类理论，示性类理论的应用范围很广，凡涉及到流形或向量从的问题，例如微分几何、复流形、代数几何等,都要以它作为一种工具.本书采用微分形式来讲示性类,这样就照顾到了非拓扑专业研究人员的需要.

本书是吴英青和段海豹根据作者的英文讲义翻译、整理而成的

本书可供高等院校数学专业研究生和教师参考.

**图书在版编目(CIP)数据**

代数拓扑与示性类/(丹)I.马德森著. —北京：科学出版社，1989.11 (2016.6 重印)

(现代数学基础丛书·典藏版；29)

ISBN 978-7-03-001233-3

I.①代… II.①I… III.①代数拓扑 ②示性类 IV.①O189

中国版本图书馆 CIP 数据核字(2016) 第 113124 号

责任编辑：张 扬／责任校对：林青梅

责任印制：徐晓晨／封面设计：王 浩

科学出版社出版

北京东黄城根北街 16 号

邮政编码：100717

http://www.sciencep.com

北京厚诚则铭印刷科技有限公司印刷

科学出版社发行　各地新华书店经销

*

1989 年 11 月第 一 版　开本：B5(720×1000)

2016 年 6 月印 刷　印张：8 3/4

字数：108 000

**定价：68.00 元**

(如有印装质量问题，我社负责调换)

# 译　者　序

本书是 Ib Madsen 教授在第三期研究生暑期培训中心使用的讲义的译本．在某些地方作了一些改动．

本书的读者应具备奇异同调论和微分流形方面的基本知识．

前两节主要讨论奇异同调中的乘积，可看成是奇异同调论的复习．第三节引入 de Rham 上同调．第七节讨论谱序列，它是代数拓扑中的一种重要工具．第八节将用这一工具来证明 de Rham 定理，从而给出 de Rham 同调与奇异同调的关系．第四节讨论周期同调． 该节和第七节的相应部分主要是为第十三节作准备、初读时可跳过．其余各节讨论向量丛和示性类，是本书的主要内容．

本书的条理很清晰，部分定理的证明只给出提示，读者可以补证．在习题中也有很多重要内容．我们相信，如果读者能系统地完成这些细节的话，必定会有很大的收益．

本书的 1—7 节，8—13 节分别由吴英青和段海豹同志翻译整理．由于我们水平有限，书中错误之处在所难免，敬请读者批评指正．

段海豹　吴英青

1987 年四月．

# 序　　言

同调与上同调是代数拓扑的中心论题．它们根据所处理的问题的差别而以不同的形式出现．在微分几何中通常采用微分形式的同调，在同调理论和以分类为目的的流形理论中一般采用奇异同调．而在代数中则有层上同调、循环同调等等．

在这本讲义中我们将讨论 de Rham 上同调、奇异上同调、循环同调以及它们的相互关系．

上同调在研究整体微分几何和拓扑问题时的用处来自向量丛的示性类理论．我们将从两种“经典”的观点来讨论示性类．一方面我们有奇异同调中的整示性类．另一方面，在取定连络之后，我们有示性形式及其对应的 de Rham 同调类．这两种观点都很重要．整示性类给出了向量丛的整上同调信息；而示性形式则自然地产生于几何对象，它比所对应的上同调类包含更多的信息．

在讲义的最后部分，我们概述了示性类的第三种观点（主要由 A. Connes 引进的）．它是示性类理论的一种纯代数的描述．给定任何 $Q$ 代数上的一个投射模，我们在其对应的非交换 de Rham 上同调中定义示性类．有时，这些非交换 de Rham 上同调群恰好是循环同调群的子群．

讲义基本上没有涉及同调论与示性类的应用，只在习题中给出了少量例子．关于这方面的内容，读者可参考 J. Milnor 与 J. Stassheff 和 B. Lawson 的著作，也可参考讲义后面所列的其它文献．

最后提请读者注意，由于时间仓促，书中难免会有很多错误之处．

I. 马德森

1986年5月于 奥胡斯

# 目　　录

# 1. 链复形及其同调群

设 $\mathscr{k}$ 为一个取定的有单位元的交换环，例如:

$\mathscr{k}=\mathbf{Z}$ 整数环

$\mathscr{k}=\mathbf{F}_p$ $p$ 个元素的有限域

$\mathscr{k}=\mathbf{Q}$ 有理数域

$\mathscr{k}=\mathbf{R}$ 实数域

$\mathscr{k}=\mathbf{C}$ 复数域

在不会混淆的情形下，我们简称 $\mathscr{k}$-模为模. 模之间的同态指 $\mathscr{k}$-线性映射. 链复形 $C_*=\{C_n, \partial\}$ 是指一个同态序列

$$C_*:\quad \cdots\to C_n\xrightarrow{\partial}C_{n-1}\xrightarrow{\partial}\cdots\xrightarrow{\partial}C_0\to 0,$$

它满足条件 $\partial\cdot\partial=0$. 类似地，上链复形 $C^*=\{C^n,\delta\}$ 是满足 $\delta\cdot\delta=0$ 的同态序列:

$$C^*:\quad \cdots\leftarrow C^n\xleftarrow{\delta}C^{n-1}\xleftarrow{\delta}\cdots\xleftarrow{\delta}C^0\leftarrow 0.$$

增广链复形 $(C_*,\varepsilon)$ 是链复形 $C_*$ 附加一个额外的同态 $\varepsilon: C_0\to M$，它满足 $\varepsilon\cdot\partial=0$. 其中 $M$ 为 $\mathscr{k}$-模. 类似的，增广上链复形 $(C^*,\varepsilon)$ 是上链复形附加一个同态 $\varepsilon: M\to C^0$，满足 $\delta\cdot\varepsilon=0$.

$C_*$ 的第 $n$ 阶(或称第 $n$ 维)同调群定义为商模

$$H_n(C_*)=Z_n/B_n,$$

其中

$$Z_n=\mathrm{Ker}\{\partial: C_n\to C_{n-1}\},$$

$$B_n=\mathrm{Im}\{\partial: C_{n+1}\to C_n\}.$$

类似地，定义第 $n$ 阶上同调群为

$$H^n(C^*)=\frac{\mathrm{Ker}\{\delta: C^n\to C^{n+1}\}}{\mathrm{Im}\{\delta: C^{n-1}\to C^n\}}=Z^n/B^n.$$

链复形之间的链映射 $f_*: C_*\to D_*$ 是一列同态 $f_n: C_n\to D_n$，它们对所有的 $n$，使得下图是可交换的:

$$\begin{array}{ccc} C_n & \xrightarrow{f_n} & D_n \\ \downarrow \partial & & \downarrow \partial \\ C_{n-1} & \xrightarrow{f_{n-1}} & D_{n-1} \end{array}$$

通常我们略去下标，用 $f$ 来代替 $f_n$. 链映射 $f_*$ 诱导出同调群之间的同态

$$H_n(f) = f_*: H_n(C_*) \to H_n(D_*).$$

类似可定义增广链复形之间的同态 $f_*$: $(C_*, \varepsilon) \to (D_*, \varepsilon)$. 它除了一列同态 $f_n$: $C_n \to D_n$ 之外，还包含一个映射 $f$: $M \to N$, $f$ 满足 $\varepsilon \cdot f_0 = f \cdot \varepsilon$. 两个链映射 $f$ 与 $g$ 之间的链伦移

$$s_*: C_* \to D_*,$$

是一列同态 $s: C_n \to D_{n+1}$, 且使得下面的等式对一切 $n$ 都成立:

$$\partial s + s\partial = f - g: C_n \to D_n.$$

当 $f$ 与 $g$ 之间存在链伦移时，我们称 $f$ 与 $g$ 是链同伦的，并记为 $f \simeq g$; 这时对所有的 $n$ 都有 $H_n(f) = H_n(g)$. 链映射 $f$: $C_* \to D_*$ 称为链同伦等价，如果它存在同伦逆，也就是说，如果存在链映射 $g: D_* \to C_*$, 使得

$$g \circ f \simeq \mathrm{id}, \qquad f \circ g \simeq \mathrm{id}.$$

此时 $H_n(f)$ 是同构，其逆为 $H_n(g)$.

链复形的短正合序列

$$0 \to C_* \xrightarrow{f} C'_* \xrightarrow{g} C''_* \to 0,$$

诱导出同调群的长正合序列

$$\cdots \to H_n(C_*) \xrightarrow{f_*} H_n(C'_*) \xrightarrow{g_*} H_n(C''_*) \xrightarrow{\partial_*} H_{n-1}(C_*) \to \cdots.$$

以上的定义与结论可以明显地推广到上链复形的情形.

如果一个模中存在一组基，则这个模称为自由模. 如果一个链复形作为模是自由的，则称这个链复形为自由链复形. 一个增广链复形如果是正合的，也就是说，如果

$$H_n(C_*) = 0, n > 0,$$

$$\varepsilon: H_0(C_*) \to M,$$

则称这个增广链复形为$M$的一个**分解** (resolution). 下面的定理有时称为同调代数基本定理.

**定理 1.1.** 设 $(C_*, \varepsilon)$ 与 $(C'_*, \varepsilon')$ 为增广链复形. 设 $C_*$ 是自由的 $(C'_*, \varepsilon')$ 为 $M'$ 的分解,则

(i) 任何同态 $f: M \to M'$ 都可扩张为一个链映射 $f_*: (C_*, \varepsilon) \to (C'_*, \varepsilon')$.

(ii) 任何两个满足 $f = g: M \to M'$ 的链映射 $f_*, g_*: (C_*, \varepsilon) \to (C'_*, \varepsilon')$ 都是链同伦的.

证. 我们要用归纳法,并根据下述模的提升性质证明此定理. 设$C$为自由模, $\pi: X \to Y$ 为满射,则任何映射 $\beta: C \to Y$ 都存在一个提升映射 $\hat{\beta}: C \to X$,满足 $\pi \cdot \hat{\beta} = \beta$.

(i) 设 $f_0 = f$, 我们归纳地构造 $f_n$ 如下: 设对任何 $i < n$ 都已构造 $f_i$. 由于 $\partial \cdot f_{n-1} = f_{n-2} \cdot \partial$, 可知 $f_{n-1} \cdot \partial: C_n \to C'_{n-1}$ 的像含于 $Z'_{n-1} = \mathrm{Ker}\{\partial: C'_{n-1} \to C'_{n-2}\}$ 之中. 而由 $H_{n-1}(C'_*) = 0$ 可知 $Z'_{n-1} = B'_{n-1} = \mathrm{Im}\{\partial: C'_n \to C'_{n-1}\}$. 根据提升性质 (此时 $C = C_n, X = C'_n, Y = B'_{n-1}$), 存在 $f_n: C_n \to C'_n$, 使得 $\partial \cdot f_n = f_{n-1} \cdot \partial$.

(ii) 设对 $i < n$ 已构造出 $s_i: C_i \to C'_{i+1}$. 要找 $s_n$ 使满足等式

$$\partial \cdot s_n = f_n - g_n - s_{n-1} \cdot \partial.$$

$s_{n-1}$ 的性质保证了上式右端映射的像含于 $Z'_n = B'_n$ 之中,因而可用提升性质得到 $s_n$. ▮

**推论 1.2.** 同一个模 $M$ 的任意两个自由分解都是链同伦等价的. ▮

给定了模 $M$ 与 $N$,我们可以构造下面这些新的模:

| | |
|---|---|
| $M \oplus N$ | (直和), |
| $M \otimes N$ | ($\mathscr{A}$ 上的张量积), |
| $\mathrm{Hom}(M, N)$ | ($\mathscr{A}$-线性映射全体). |

类似地，对映射也可构造 $f\oplus g$, $f\otimes g$, $\mathrm{Hom}(f,\mathrm{id})$, $\mathrm{Hom}(\mathrm{id},f)$ 等等. 这些构造形成了 $k$ 模范畴到其自身的函子. 我们有下面的正合性质：设

$$(1.3)\qquad 0\to M\xrightarrow{i}M'\xrightarrow{\pi}M''\to 0$$

为 $k$-模短正合序列，则

$$0\to M\oplus N\to M'\oplus N\to M''\oplus N\to 0,$$

$$(1.4)\qquad M\otimes N\to M'\otimes N\to M''\otimes N\to 0,$$

$$\mathrm{Hom}(M,N)\leftarrow \mathrm{Hom}(M',N)\leftarrow \mathrm{Hom}(M'',N)\leftarrow 0,$$

都是正合的. 在后两例中，正合性一般不能扩展到左边. 也就是说，$i\otimes\mathrm{id}$ 一般不是单射，而 $\mathrm{Hom}(i,\mathrm{id})$ 一般不是满射. 但如果 $M''$ 是自由模，则 $\pi$ 有一个截面 $s: M''\to M'$ $(\pi\cdot s=\mathrm{id})$. 在这种情形，可以证明 $i\otimes\mathrm{id}$ 确为单射，而 $\mathrm{Hom}(i,\mathrm{id})$ 也确为满射. 这是因为 $s+i$: $M''\oplus M\to M'$ 是同构. 从而 $i$ 有一个收缩 $t$: $M'\to M$ $(t\cdot i=\mathrm{id})$. 这样 $t\otimes\mathrm{id}$ 就是一个收缩，而 $\mathrm{Hom}(t,\mathrm{id})$ 则为一个截面.

若 $\pi$ 有一个截面(或者等价地，$i$ 有一个收缩)，则称正合序列(1.3)为分裂的. 上面的讨论可归结为

**命题 1.5.** 函子 $-\otimes N$ 与 $\mathrm{Hom}(-,N)$ 把分裂的正合序列变成分裂的正合序列. ▮

若 $k$ 为域，则所有的正合序列都是分裂的. 在 $N=k$ 的情形，记 $M^*=\mathrm{Hom}(M,k)$，它是 $M$ 的对偶模.

以上构造方法可以推广到链复形的情形. 我们如下定义链复形 $C_*\oplus C'_*$, $C_*\otimes C'_*$, $\mathrm{Hom}(C_*,C'_*)$ 与 $\mathrm{Hom}(C_*,N)$.

(i) $(C_*\oplus C'_*)_n=C_n\oplus C'_n$, $d(c,c')=(\partial c,\partial' c')$,

(ii) $(C_*\otimes C'_*)_n=\sum_{i=0}^{n}(C_i\otimes C'_{n-i})$,

$$d(c_i\otimes c'_{n-i})=\partial c_i\otimes c'_{n-i}+(-1)^i c_i\otimes\partial c'_{n-i},$$

(iii) $\mathrm{Hom}(C_*,N)^n=\mathrm{Hom}(C_n,N)$;

$$d(f)(c_{n+1})=(-1)^n f(\partial c_{n+1}).$$

可验证 $d\cdot d=0$ 在以上情形都成立．前两种构造把链复形变为链复形，第三种构造把链复形变为上链复形．我们也可以定义 $\mathrm{Hom}(C_*,C'_*)$，但得到的是在两个方向都为无限的复形，也即对每个整数 $n$ 都有非平凡的 $n$ 阶模：

$$\text{(iv)}\ \mathrm{Hom}(C_*,C'_*)_n=\prod_{i=0}^{\infty}\mathrm{Hom}(C_i,C'_{i+n}),\quad n\in\mathbf{Z}$$

$$d(f_i)_{i=0}^{\infty}=(g_i)_{i=0}^{\infty},\ g_i=\partial'\cdot f_i+(-1)^{n-1}f_{i-1}\cdot\partial.$$

此时零维闭链为链映射，一维链为链同伦．

显然，直和的同调群为同调群的直和．对张量积和对偶构造，情况较为复杂．首先我们有下述命题．

**命题 1.6.** 设 $k$ 为域，$C_*$ 为链复形．则

(i) $H_n(M\otimes C_*)\cong M\otimes H_n(C_*)$，

(ii) $H^n(\mathrm{Hom}(C_*,M))\cong\mathrm{Hom}(H_n(C_*),M)$．

证．考虑正合序列

$$0\to Z_n\to C_n\to B_{n-1}\to 0,$$

$$0\to B_{n-1}\to C_{n-1}\to C_{n-1}/B_{n-1}\to 0.$$

由于 $k$ 是域，上述序列都是分裂的．由(1.5)可得正合序列

$$0\to M\otimes Z_n\to M\otimes C_n\to M\otimes B_n\to 0,$$

$$0\to M\otimes B_{n-1}\to M\otimes C_{n-1}.$$

从而有正合序列

$$0\to M\otimes Z_n\to M\otimes C_n\to M\otimes C_{n-1}.$$

这说明 $M\otimes Z_n=\mathrm{Ker}\{M\otimes C_n\to M\otimes C_{n-1}\}$．类似可得：$M\otimes B_n=\mathrm{Im}\{M\otimes C_{n+1}\to M\otimes C_n\}$．另外，由正合序列

$$0\to B_n\to Z_n\to H_n(C_*)\to 0$$

及(1.5)，可得正合序列

$$0\to M\otimes B_n\to M\otimes Z_n\to M\otimes H_n(C_*)\to 0.$$

因此，
$$\begin{aligned}M\otimes H_n(C_*)&\cong M\otimes Z_n/M\otimes B_n\\&\cong\mathrm{Ker}\{M\otimes C_n\to M\otimes C_{n-1}\}/\mathrm{Im}\{M\otimes C_{n+1}\to M\otimes C_n\}\end{aligned}$$

$$= H_*(M \otimes C_*).$$

这就证明了 (i). (ii) 的证明留给读者. 注意其中的同构由

$$\phi(f)([z]) = f(z)$$

给出,这里 $f \in \mathrm{Hom}(C_*, M)$ 为上闭链. ▮

任给 $i$, $j$, $i+j=n$,存在同态

$$\varphi: H_i(C_*) \otimes H_j(C'_*) \to H_{i+j}(C_* \otimes C'_*).$$

若 $z_i \in Z_i$, $z' \in Z'$ 分别代表闭链 $[z_i]$ 与 $[z'_j]$,则

$$\varphi([z_i] \otimes [z']) = [z_i \otimes z'].$$

**定理 1.7** (Künneth 公式). 设 $\mathscr{A}$ 为域,则

$$\varphi: \sum_{i=0}^{n} H_i(C_*) \otimes H_{n-i}(C'_*) \to H_n(C_* \otimes C'_*)$$

为同构.

证. 把闭链群 $Z_*$, 边缘链群 $B_*$ 及同调群 $H_* = H_*(C_*)$ 都看成链复形,边缘映射为 $\partial = 0$. 则有链复形的正合序列

$$
\begin{aligned}
&0 \to B_* \to Z_* \to H_* \to 0, \\
(1)\qquad &\\
&0 \to Z_* \to C_* \xrightarrow{\partial} B_{*-1} \to 0.
\end{aligned}
$$

由于 $\mathscr{A}$ 是域, 以上序列都是分裂的. 从而有正合序列

$$(2)\qquad 0 \to Z_* \otimes C'_* \to C_* \otimes C'_* \to B_{*-1} \otimes C'_* \to 0.$$

两端两个复形的边缘算子分别为

$$
\begin{aligned}
d(z_i \otimes c'_j) &= (-1)^i z_i \otimes \partial' c'_j, \\
d(b_{i-1} \otimes c'_j) &= (-1)^i b_{i-1} \otimes \partial' c'_j.
\end{aligned}
$$

根据(1.6), 其同调群为

$$H_n(Z_* \otimes C'_*) = \sum_{i=0}^{n} Z_i \otimes H_{n-i}(C'_*),$$

$$H_n(B_{*-1} \otimes C'_*) = \sum_{i=0}^{n} B_{i-1} \otimes H_{n-i}(C'_*).$$

短正合列 (2) 诱导的同调群的长正合序列具有下面的形状:

(3) $$\cdots \to \sum_{i=0}^{n} Z_i \otimes H_{n-i}(C'_*) \to H_n(C_* \otimes C'_*)$$

$$\to \sum_{i=0}^{n} B_{i-1} \otimes H_{n-i}(C'_*) \to \cdots.$$

根据 $d_*$ 的定义可以验证，同态

$$d_*: B_i \otimes H_{n-i}(C'_*) \to Z_i \otimes H_{n-i}(C'_*)$$

由下式给出:

$$d_*(b_i \otimes [z'_i]) = b_i \otimes [z'_i].$$

它是单射，其余核为

(4) $$\mathrm{cok} d_* = Z_i / B_i \otimes H_{n-i}(C'_*) = H_i(C_i) \otimes H_{n-i}(C'_*). \blacksquare$$

**注 1.8.** 当 $\mathscr{k}$ 不是域时，定理(1.6)和(1.7)一般不成立. 这是由于下面两个原因:

(a) $Z_*$, $B_*$ 不一定是自由的. 这样(2)不一定正合，从而没有正合序列(3).

(b) 当 $Z_i/B_i$ 不是自由群时, $d_*: B_* \otimes H'_{n-i} \to Z_i \otimes H_{n-i}$ 不一定是单射.

在 $\mathscr{k} = \mathbf{Z}$ 的情形，如果 $C_*$ 是自由的，则(a)成立. 如果 $H_i(C_*)$ 是自由的，则 (b) 成立. 因此，如果 $\mathscr{k} = \mathbf{Z}$ 而 $C_*$ 与 $H_*(C_*)$ 都是自由模，则定理(1.7)的结论仍成立.

## 习　　题

1. 设 $C_*$ 为自由链复形. 证明当 $H_*(C_*) = 0$ 时，存在从 id 到 0 的链同伦（称为 $C_*$ 的收缩同伦).

2. 设 $f_*: C_* \to C'_*$ 为链映射. $f_*$ 的映射锥定义为

$$\mathrm{Cone}(f_*)_{n+1} = C_n \oplus C'_{n+1},$$

$$\partial(c_n, c'_{n+1}) = (\partial c_n, \partial' c'_{n+1} + (-1)^n f(c_n)).$$

这样可以得到一个正合列

$$0 \to C'_* \to \mathrm{Cone}(f_*) \to C_{*-1} \to 0,$$

证明它诱导的长正合序列中的边缘同态

$$d_*: H_n(C_*) \to H_n(C'_*)$$

满足关系式 $d_* = (-1)^n H_n(f)$.

3. 用上面两题的结果证明下面的 J. H. C. Whitehead 定理：设 $f_*: C_* \to C'_*$ 为链映射. 则 $f_*$ 为链同伦等价当且仅当对所有的 $n$, $H_n(f)$ 都是同构.

4. 对上链复形，叙述并证明相应于(1.7)的结果.

5. 在 $\mathscr{A} = \mathbf{Z}$ 的情形，证明每个模 $M$ 都有自由分解 $C_* \xrightarrow{\varepsilon} M$，其中 $C_i = 0$, $i \geqslant 2$. 定义

$$\mathrm{Tor}(M, N) = \mathrm{Ker}\{\partial_1 \otimes \mathrm{id}: C_1 \otimes N \to C_0 \otimes N\}$$

证明 $\mathrm{Tor}(M, N)$ 与自由分解 $C_* \to M$ 的选取无关. 验证

$$\mathrm{Tor}(\mathbf{Z}, \mathbf{Z}/n) = \mathrm{Tor}(\mathbf{Z}/n, \mathbf{Z}) = 0,$$

$$\mathrm{Tor}(\mathbf{Z}/n, \mathbf{Z}/m) = \mathbf{Z}/(m, n).$$

类似可定义

$$\mathrm{Ext}(M, N) = \mathrm{cok}\{\mathrm{Hom}(C_0, N) \to \mathrm{Hom}(C_1, N)\}.$$

验证

$$\mathrm{Ext}(\mathbf{Z}/n, \mathbf{Z}) = \mathbf{Z}/n, \ \mathrm{Ext}(\mathbf{Z}, N) = 0,$$

$$\mathrm{Ext}(\mathbf{Z}/n, \mathbf{Z}/m) = \mathbf{Z}/(n, m),$$

其中 $(m, n)$ 表示 $m$ 与 $n$ 的最大公因子.

6. 设 $\mathscr{A} = \mathbf{Z}$. 设 $C_*$, $C'_*$ 为 $\mathbf{Z}$ 上自由链复形. 证明 Künneth 公式：存在分裂的正合序列

$$0 \to \sum_{i=0}^{n} H_i(C_*) \otimes H_{n-i}(C'_*) \to H_n(C_* \otimes C'_*)$$

$$\to \sum_{i=0}^{n-1} \mathrm{Tor}(H_i(C_*), H_{n-1-i}(C'_*)) \to 0.$$

# 2. 奇异同调与单纯集

本节复习奇异同调与奇异上同调．重点放在乘积上．

考虑标准的 $n$-单纯形：

$$\Delta^n = \{(t_0,\cdots,t_n)\in \mathbb{R}^{n+1} \mid t_i \geqslant 0, \Sigma t_i = 1\},$$

$$\delta^i: \Delta^{n-1} \to \Delta^n; i = 0,\cdots,n,$$

$$\delta^i(t_0,\cdots,t_{n-1}) = (t_0,\cdots,t_{i-1},0,t_i,\cdots,t_{n-1}); \tag{2.1}$$

$$\sigma^i: \Delta^n \to \Delta^{n-1}, i = 0,\cdots,n,$$

$$\sigma^i(t_0,\cdots,t_n) = (t_0,\cdots,t_{i-1},t_i + t_{i+1},\cdots,t_n).$$

对拓扑空间 $X$，定义其奇异集 (singular set) 为：

$$\mathrm{Sin}_n(X) = \mathrm{Map}(\Delta^n, X),$$

即 $\Delta_n$ 到 $X$ 的连续映射全体．令

$$\partial_i = \mathrm{Map}(\delta^i,\mathrm{id}): \mathrm{Sin}_n(X) \to \mathrm{Sin}_{n-1}(X), i = 0,\cdots,n,$$

$$s_i = \mathrm{Map}(\sigma^i,\mathrm{id}): \mathrm{Sin}_{n-1}(X) \to \mathrm{Sin}_n(X), i = 0,\cdots,n-1,$$

它们分别称为**面算子**与**退化算子**．可以证明，下列等式成立：

$$\partial_i\partial_j = \partial_{j-1}\partial_i, \quad i<j,$$

$$s_i s_j = s_{j+1}s_i, \quad i \leqslant j,$$

$$\partial_i s_j = \begin{cases} s_{j-1}\partial_i, & i<j, \\ 1, & i=j \text{ 或 } i=j+1, \\ s_j\partial_{i-1}, & i>j+1. \end{cases} \tag{2.2}$$

设 $S_n, n=0,1,\cdots$ 为分次集，并有算子 $\partial_i: S_n \to S_{n-1}$ 及 $\sigma_i: S_{n-1} \to S_n$，它们满足 (2.2)，则这个带算子的分次集 $S = \cup S_n$ 称为**单纯集** (simplicial set)．奇异集就是单纯集，它定义了一个函子

$$\mathrm{Sin}: \{\text{拓扑空间}\} \to \{\text{单纯集}\}.$$

单纯集之间的射定义为与 $s_i$ 和 $\partial_i$ 都可交换的分阶映射．

设 $A$ 为有单位元的交换环．定义奇异链复形为

$$S_n(X,\mathscr{k}) = \mathscr{k}[\mathrm{Sin}_n(X)],$$

也即以 $\mathrm{sin}_n(X)$ 为基底的自由 $\mathscr{k}$-模. $S_n(X,\mathscr{k})$ 的元素可表示为线性组合 $\Sigma\lambda_i\theta_i$, $\lambda_i\in\mathscr{k}$, $\theta_i\in\mathrm{Sin}_n(X)$. 令

$$\partial = \sum_{i=0}^{n}(-1)^i\partial_i: S_n(X,\mathscr{k}) \to S_{n-1}(X,\mathscr{k}).$$

由(2.2)可知, $\partial\cdot\partial=0$. 这样 $S_*(X,\mathscr{k})$ 就成了一个链复形,称为**奇异链复形**. 其同调群称为 $X$ 的**奇异同调群**.

在以上定义中我们没有用到退化算子. 但是由于 $\partial$ 保持模

$$S_n^D(X,\mathscr{k}) = \mathscr{k}\left[\bigcup_{i=0}^{n-1} s_i\mathrm{Sin}_{n-1}(X)\right]$$

不变(也就是说, $\partial S_n^D(X,\mathscr{k})\subset S_{n-1}^D(X,\mathscr{k})$), 所以我们可以构造**规范化复形**

(2.3) $$S_*^N(X,\mathscr{k}) = S_*(X,\mathscr{k})/S_*^D(X,\mathscr{k}).$$

可以证明, 商映射

$$S_*(X,\mathscr{k}) \to S_*^N(X,\mathscr{k})$$

是链同伦等价(参考 [Maclane,第 8 章,§6]).

$X$ 的上链复形定义为

$$S^*(X,\mathscr{k}) = \mathrm{Hom}(S_*(X,\mathscr{k}),\mathscr{k}),$$
$$(\delta\xi)(x) = (-1)^{|\xi|+1}\xi(\partial x), \quad |\xi| = \deg(\xi),$$

其同调群即为 $X$ 的奇异上同调群. 赋值配对

$$S^*(X,\mathscr{k})\otimes S_*(X,\mathscr{k}) \to \mathscr{k}$$

在同调水平上诱导了 Kronecker 配对

$$\langle,\rangle:\quad H^*(X,\mathscr{k})\otimes H_*(X,\mathscr{k}) \to \mathscr{k}.$$

当 $\mathscr{k}$ 为域时, 由命题 1.6(ii) 可知这是一个非奇异配对. 当 $M$ 为 $\mathscr{k}$-模时, 定义 $S_*(X,M) = S_*(X,\mathscr{k})\otimes M$, $S^*(X,M) = \mathrm{Hom}(S_*(X,\mathscr{k}),M)$.

我们有下面两个函子:

$S_*$: {拓扑空间}→{链复形},(协变)

$S^*$: {拓扑空间}→{上链复形}. (反变)

拓扑空间之间的两个映射 $f_0,f_1:X\to Y$ 称为是同伦的，若存在映射 $F:X\times[0,1]\to Y$，使得 $F(x,0)=f_0(x)$，$F(x,1)=f_1(x)$。下面的定理是奇异链复形的一个基本性质，其证明可参考任何一本关于奇异同调论的书。

**定理 2.4.** 两个同伦的映射 $f,g:X\to Y$ 分别诱导出链同伦的映射 $f_*,g_*:S_*(X)\to S_*(Y)$ 和 $f^*,g^*:S^*(Y)\to S^*(X)$。

**注.** 我们在不同的场合用映射这个词来表示不同的含义。例如拓扑空间之间的映射是指连续映射，模之间的映射指模同态、链复形之间的映射指链映射，等等。

在不会混淆时，我们省略基环 $A$ 的记号(例如用 $S_*(X)$ 来表示 $S_*(X,A)$，等等)。上同调群 $H^n(X)$ 形成了一个分次模

$$H^*(X)=\sum_{n=0}^{\infty}H^n(X).$$

我们要在上面引入乘积，也即所谓的上积。为此首先讨论 $S_*(X)\otimes S_*(Y)$ 与 $S_*(X\times Y)$ 之间的关系。在零维它们是相等的，即

$$S_0(X)\otimes S_0(Y)=S_0(X\times Y).$$

奇异链复形有一个增广：

$$\varepsilon:S_0(X)\to A$$

它把每个生成元都映到 1。张量积 $S_*(X)\otimes S_*(Y)$ 有一个相应的增广 $\varepsilon=\varepsilon\otimes\varepsilon$。下面的结果可看成是(1.1)的一个实用推论。

**定理 2.5.** (Eilenberg-Zilbert).

(i) 存在保增广的自然链同伦等价

$$S_*(X\times Y)\underset{b_*}{\overset{a_*}{\rightleftarrows}}S_*(X)\otimes S_*(Y).$$

(ii) 任何两个从 $S_*(X\times Y)$ 到 $S_*(X)\otimes S_*(Y)$ 的保增广的自然链映射都是链同伦的。同样，任何两个从 $S_*(X)\otimes S_*(Y)$ 到 $S_*(X\times Y)$ 的保增广的自然链映射也都是链同伦的。

在定理中，"自然"一词的意思是说上述链同伦或链映射是函子之间的自然变换。例如，$a_*$ 为自然链映射是指对任何 $f:X\to$

$X'$ 及 $g: Y \to Y'$，都有 $a_* \cdot (f \times g)_* = (f_* \otimes g_*) \cdot a_*$.

(2.5)的证明. 我们用零调模型的方法来归纳地定义 $a_*$. 由于 $a_*$ 是自然的，而且与增广可交换，因而它在零维上一定是恒等映射.

设 $a_*$ 已经在维数 $i < n$ 时有定义. 考虑映射

$$\theta: \Delta^n \to X, \quad \varphi: \Delta^n \to Y.$$

要找的 $a_n$ 必须使下面的图表可交换:

$$\begin{array}{ccc}
S_n(\Delta^n \times \Delta^n) & \xrightarrow{(\theta \times \varphi)_*} & S_n(X \times Y) \\
\downarrow{\scriptstyle a_n} & & \downarrow{\scriptstyle a_n} \\
(S_*(\Delta^n) \otimes S_*(\Delta^n))_n & \xrightarrow{\theta_* \otimes \varphi_*} & (S_*(X) \otimes S_*(Y))_n
\end{array}$$

特别地，对于 $S_n(X \times Y)$ 中的元素 $(\theta, \varphi): \Delta^n \to X \times Y$，由 $(\theta, \varphi) = (\theta \times \varphi)_*(\iota_n, \iota_n)$，可知

(1) $$a_n((\theta, \varphi)) = (\theta_* \otimes \varphi_*) a_n(\iota_n, \iota_n).$$

其中，$\iota_n: \Delta^n \to \Delta^n$ 为恒等映射.

这样，要一般地定义 $a_n$，我们只须指定一个元素 $a_n(\iota_n, \iota_n) \in (S_*(\Delta^n) \otimes S_*(\Delta^n))_n$，使得

(2) $$\partial a_n(\iota_n, \iota_n) = a_{n-1}(\partial(\iota_n, \iota_n))$$

即可. 但由归纳假设，有

$$\partial(a_{n-1}(\partial(\iota_n, \iota_n))) = a_{n-1}(\partial\partial(\iota_n, \iota_n)) = 0.$$

根据 Künneth 公式(1.7)（或者，当 $k$ 不是域时用(1.8)），可知 $H_{n-1}(S_*(\Delta^n) \otimes S_*(\Delta^n)) = 0$，从而 $a_{n-1}(\partial(\iota_n, \iota_n))$ 是一个边缘链. 因此可选取 $a_n(\iota_n, \iota_n)$ 使之满足(2). 再根据(1)，即可定义出 $a_n$. 证明的其余部分留给读者. ▮

对 $\xi \in S^n(X; M)$，$\eta \in S^m(Y; N)$，定义外积 $\xi \times \eta \in S^{n+m}(X \times Y; M \otimes N)$ 为 $(-1)^{nm}$ 和下述映射的复合:

$$S_{n+m}(X \times Y) \xrightarrow{a_*} (S_*(X) \otimes S_*(Y))_{n+m}$$
$$\xrightarrow{\text{Proj}} S_n(X) \otimes S_m(Y) \xrightarrow{\xi \otimes \eta} M \otimes N.$$

容易验证下面的引理.

**引理 2.6.** 乘积 $\xi\times\eta$ 是自然的,且满足

(i) $\delta(\xi\times\eta)=\delta\xi\times\eta+(-1)^{|\xi|}\xi\times\delta\eta$;

(ii) $\xi\times\eta$ 是双线性的;

(iii) $\delta(\varepsilon\times\eta)=pr_2^*(\eta)$, $\delta(\xi\times\varepsilon)=pr_1^*(\xi)$;

这里 $\varepsilon$ 为增广(视为零维上链), $pr_1$ 和 $pr_2$ 分别为 $X\times Y$ 到 $X$ 和到 $Y$ 的投影. ▮

若 $\xi$ 和 $\eta$ 都是上闭链,则引理说明 $\xi\times\eta$ 也是上闭链. 这样我们就有了上同调的叉积:

$$H^*(X;M)\otimes H^*(Y;N)\xrightarrow{\times}H^*(X\times Y;M\otimes N).$$

设 $\xi\in H^n(X;M)$, $\eta\in H^m(X;N)$, 则定义 $\xi$ 与 $\eta$ 的上积为

(2.7) $$\xi\cup\eta=\mathrm{diag}^*(\xi\times\eta)\in H^{n+m}(X,M\otimes N).$$

这里, $\mathrm{diag}: X\to X\times X$. 为对角映射.

特别地,当 $M=N=k$ 时,我们得到乘积

$$H^n(X)\otimes H^m(X)\to H^{n+m}(X).$$

**命题 2.8.** 上积具有下述性质:

(i) $(\xi\cup\eta)\cup\zeta=\xi\cup(\eta\cup\zeta)$;

(ii) $\xi\cup\eta=(-1)^{|\xi||\eta|}\eta\cup\xi$;

(iii) $[\varepsilon]\cup\xi=\xi=\xi\cup[\varepsilon]$.

证. (i) 与 (iii) 的证明留给读者,我们来证明 (ii). 设 $T$: $X\times Y\to Y\times X$ 为交换因子的映射. 它诱导一个链映射

$$T_*: S_*(X\times Y)\to S_*(Y\times X).$$

类似地有链映射

$$T^\otimes: S_*(X)\otimes S_*(Y)\to S_*(Y)\otimes S_*(X),$$

它定义为 $T^\otimes(x\otimes y)=(-1)^{|x|\cdot|y|}y\otimes x$. (为使 $T^\otimes$ 是链映射,这里,符号 $(-1)^{|x|\cdot|y|}$ 是必不可少的. )考虑自然链映射的图表

$$\begin{array}{ccc}
S_*(X\times Y) & \xrightarrow{a_*} & S_*(X)\otimes S_*(Y)\\
\downarrow{\scriptstyle T_*} & & \downarrow{\scriptstyle T^\otimes}\\
S_*(Y\times X) & \xrightarrow{a_*} & S_*(Y)\otimes S_*(X)
\end{array}$$

它并不一定是交换的. 但由于所有映射都保增广, 故由 (2.5(ii)) 可知该图表是同伦交换的. 也就是说, $T^* \cdot a_*$ 与 $a_* \cdot T_*$ 是同伦的, 从而有

$$T^*[\xi \times \eta] = (-1)^{|\xi|\cdot|\eta|}[\eta \times \xi].$$

取 $Y = X$ 并将 $\mathrm{diag}_*$ 作用于上式两端, 即得 (ii). ∎

这个命题的几条可合在一起而写成: 上同调群 $H^*(X)$ 在上积的意义下构成一个带单位元 $1=[\varepsilon]$ 的分次交换环.

我们也可以用 Eilenberg-Zilbert 定理和 Kronecker 配对来定义同调与上同调之间的乘积. 定义如下: 给定 $\xi \in S^n(X)$ 及 $x \in S_m(X \times Y)$, 定义斜积

$$\xi \backslash x \in S_{m-n}(Y)$$

为元素 $\xi \otimes x$ 在下述映射下的像:

$$S^*(X) \otimes S_*(X \times Y) \xrightarrow{1 \otimes h_*} S^*(X) \otimes S_*(X) \otimes S_*(Y)$$

$$\xrightarrow{\langle,\rangle \otimes 1} S_*(Y).$$

斜积满足关系式

(2.9) $$\partial(\xi \backslash x) = \delta\xi \backslash x + (-1)^{|\xi|}\xi \backslash \partial x,$$

因此诱导了一个乘积

$$\backslash : H^n(X) \otimes H_m(X \times Y) \to H_{m-n}(Y).$$

特别地, 取 $Y = X$, 并复合上映射

$\mathrm{diag}_* : H_m(X) \to H_m(X \times X)$, 我们就得到了下面的卡积

(2.10) $$\cap : H^n(X) \otimes H_m(X) \to H_{m-n}(X),$$

卡积与上积之间有下面的关系:

(2.11) $$\langle \xi \cup \eta, x \rangle = \langle \xi, \eta \cap x \rangle,$$

其中 $\xi, \eta \in H^*(X)$, $x \in H_*(X)$.

为了以后应用方便起见, 我们需要把乘积扩张到空间对 $(X, A)$ 上, 其中 $A$ 为 $X$ 的子空间. 相对的链复形和上链复形分别定义为

$$S_*(X, A) = \mathrm{Cok}\{S_*(A) \xrightarrow{i_*} S_*(X)\},$$

$$S^*(X,A)=\mathrm{Ker}\{S^*(X)\xrightarrow{i^*}S^*(A)\}.$$

我们有短正合序列

$$0\to S_*(A)\to S_*(X)\to S_*(X,A)\to 0,$$

$$0\to S^*(X,A)\to S^*(X)\to S^*(A)\to 0.$$

它们分别诱导了熟知的同调和上同调的长正合序列．定义空间对的乘积为

$$(X,A)\times(Y,B)\to(X\times Y,A\times Y\cup X\times B).$$

前面定义的叉积的自然性说明它可诱导出乘积

$$\times: S^n(X,A)\otimes S^m(Y,B)\to S^{n+m}(X\times Y,A\times Y\cup X\times B).$$

取 $X=Y$，并复合上对角映射，就得到链水平上的上积

$$\cup: S^n(X,A)\otimes S^m(X,B)\to S^{n+m}(X,A\cup B).$$

这两个相对乘积都诱导出上同调水平上的乘积．我们仍用同样的符号和名称来表示．

**定理 2.12.** 若 $\mathscr{k}$ 为域，则叉积

$$\times: H^*(X,A)\otimes H^*(Y,B)\to H^*(X\times Y,A\times Y\cup X\times B)$$

为分次 $\mathscr{k}$-模的同构．对一般的 $\mathscr{k}$，若 $H^*(X,A)$ 与 $H^*(Y,B)$ 都是自由的，则结论仍然成立．

证．由自然性，(2.5)的相对情形导致链同伦等价

$$b_*: S_*((X,A)\times(Y,B))\to S_*(X,A)\otimes S_*(Y,B),$$

它诱导的上链复形的链映射为

$$\times: S^*(X,A)\otimes S^*(Y,B)\to S^*(X\times Y,X\times B\cup A\times Y).$$

因为 $b_*$ 为同伦等价，所以×为同伦等价．因此它诱导了上同调群的同构．再根据(1.7)或(1.8)，以及叉积的定义，就证明它是同构．▌

## 习　　题

1. 设 $X.=\{X_n,\partial_i,s_i\}$ 为单纯集．其实现 $\|X.\|$ 定义如下．令 $\Delta^n$ 为标准的 $n$ 维单形，带有算子

$$\delta^i:\Delta^{n-1}\to\Delta^n,$$

$$\sigma^i : \Delta^n \to \Delta^{n-1}.$$

在不交并 $\coprod_{n\geq 0} \Delta^n \times X_n$ 中引入由下列关系所生成的等价关系：

$$(\delta^i u, x) \sim (u, \partial_i x), \quad (\sigma^i u, x) \sim (u, s_i x).$$

给空间 $\coprod_{n\geq 0} \Delta^n \times X_n / \sim$ 赋予商拓扑，所得到的拓扑空间就定义为 $\|X.\|$.

如果 $X.$ 中每个 $X_n$ 都是拓扑空间，而每个 $\partial_i$ 与 $s_i$ 都是连续映射，则称 $X.$ 为单纯空间．其实现 $\|X.\|$ 仍定义如上．

2. 设 $G$ 为群(可能是拓扑群)．定义单纯空间 $N.G$ 为

$N_nG = G \times \cdots \times G$ ($n$ 个因子)，

$\partial_0(g_1, \cdots, g_n) = (g_2, \cdots, g_n)$,

$\partial_i(g_1, \cdots, g_n) = (g_1, \cdots, g_i g_{i+1}, \cdots, g_n)$, $1 \leqslant i < n$,

$\partial_n(g_1, \cdots, g_n) = (g_1, \cdots, g_{n-1})$,

$s_i(g_1, \cdots, g_n) = (g_1, \cdots, g_{i-1}, 1, g_i, \cdots, g_n)$.

其实现记为 $BG$．证明 $B(\mathbb{Z}/2) = \mathbb{R}P^\infty$.

3. 设 $G$ 为群(可能是拓扑群)．定义单纯空间 $E.(G)$ 为

$E_n(G) = G^{n+1}$,

$d_i(g_0, \cdots, g_n) = (g_0, \cdots, \hat{g}_i, \cdots, g_n)$, $i = 0, \cdots, n$,

$s_i(g_0, \cdots, g_{n-1}) = (g_0, \cdots, g_i, g_i, \cdots, g_{n-1})$, $i = 0, \cdots, n-1$,

证明 $\|E.(G)\|$ 是可缩的.

$G$ 在 $E.(G)$ 上有一个作用：

$$g \cdot (g_0, \cdots, g_n) = (gg_0, \cdots, gg_n).$$

证明 $E.G/G \cong N.(G)$，同构映射为

$$(g_0, \cdots, g_n) \to (g_0^{-1}g_1, g_1^{-1}g_2, \cdots, g_{n-1}^{-1}g_n).$$

类似可定义 $E'.(G)$：

$E'_n(G) = G^{n+2}$,

$d_i(g_0, \cdots, g_{n+1}) = (g_0, \cdots, \hat{g}_i, \cdots, g_{n+1})$, $i = 0, \cdots, n$,

$s_i(g_0, \cdots, g_n) = (g_0, \cdots, g_i, g_i, \cdots, g_n)$, $i = 0, \cdots, n-1$.

证明 $E'.(G)/G$ 为零调的.

4. (2.5)中的两个映射可分别取定为下面的映射 $A$ 和 $B$，$A$ 称为 Alexander-Whitney 映射，$B$ 称为 Eilenberg-Zilbert 映射：

$$A: S_n(X \times Y) \to (S_*(X) \otimes S_*(Y))_n,$$

$$A(\theta, \varphi) = \Sigma \tilde{\partial}^{n-i} \theta \otimes \partial_0^i \varphi,$$

$$B: S_k(X) \otimes S_l(Y) \to S_{k+l}(X \times Y),$$

$$B(\theta, \varphi) = \Sigma \mathrm{sgn}(\pi) \cdot (s_{\pi(p+q)} \cdots s_{\pi(p+1)} \theta, s_{\pi(p)} \cdots s_{\pi(1)} \varphi),$$

其中 $\tilde{\partial}$ 为最后一个面算子。求和对满足下列条件的所有置换 $\pi$ 进行：

$$\pi(p+q) > \cdots > \pi(p+1), \pi(p) > \cdots > \pi(1).$$

如果我们把 $S_n(X)$ 理解为 $\mathscr{A}[X_n]$，则上面两个公式对任意单纯集 $X.$ 与 $Y.$ 都有意义。

证明 $A$ 和 $B$ 都是链映射。

## 3. de Rham 复形

作为开始，我们先考虑平面 $\mathbf{R}^2$ 中一个开集 $U$ 上的光滑函数（$C^\infty$-函数）

$$f: U \to \mathbf{R}^2.$$

我们问：什么时候 $f$ 是一个函数的梯度？也就是说，什么时候存在函数 $F: U \to \mathbf{R}^1$，使得

$$\text{(3.1)} \qquad \operatorname{grad} F = \left(\frac{\partial F}{\partial x_1}, \frac{\partial F}{\partial x_2}\right) = f?$$

显然，一个必要的条件是

$$\text{(3.2)} \qquad \operatorname{curl}(f) = \frac{\partial f_1}{\partial x_2} - \frac{\partial f_2}{\partial x_1} = 0, \qquad f = (f_1, f_2).$$

但一般来说，这个条件不是充分的.

考虑下面的例子：$U = \mathbf{R}^2 - \{0\}$，

$$f(x_1, x_2) = \left(\frac{-x_2}{x_1^2 + x_2^2}, \frac{x_1}{x_1^2 + x_2^2}\right).$$

这时 $\operatorname{curl}(f) = 0$，但 $f$ 不是一个梯度：考察 $f$ 沿圆周 $S^1: (x_1, x_2) = (\cos\theta, \sin\theta)$ 的积分，我们有

$$\begin{aligned}
&\int_{S^1} f_1 dx_1 + f_2 dx_2 \\
&= \int_0^{2\pi} -(f_1(\cos\theta, \sin\theta) \cdot \sin\theta + f_2(\cos\theta, \sin\theta) \cdot \cos\theta) d\theta \\
&= 2\pi.
\end{aligned}$$

另一方面，如果 $\operatorname{grad} F = f$，则

$$\begin{aligned}
\int_{S^1} f_1 dx_1 + f_2 dx_2 &= \int_0^{2\pi} \frac{d}{d\theta} F(\cos\theta, \sin\theta) \\
&= F(1,0) - F(1,0) = 0.
\end{aligned}$$

这就推出了矛盾.

根据定义，$\text{curl}\circ\text{grad}=0$。因此 grad 的像含于 curl 的核里面。但我们已经看到，一般来说它们不相等。为了衡量它们相差的程度，我们定义同调群

(3.3) $$H^1(U)=\text{Ker}(\text{curl})/\text{Im}(\text{grad}).$$

对于较好的集合 $U$，它是有限维的向量空间。

对于高维空间有类似的构造。在三维情形，$U\subset\mathbf{R}^3$，我们有一串算子

(3.4) $$C^\infty(U,\mathbf{R})\xrightarrow{\text{grad}}C^\infty(U,\mathbf{R}^3)\xrightarrow{\text{curl}}C^\infty(U,\mathbf{R}^3)\xrightarrow{\text{div}}C^\infty(U,\mathbf{R})$$

这里 $C^\infty(U,\mathbf{R}^n)$ 表示从 $U$ 到 $\mathbf{R}^n$ 的光滑映射全体所构成的向量空间，

$$\text{grad}(F)=\left(\frac{\partial F}{\partial x_1},\frac{\partial F}{\partial x_2},\frac{\partial F}{\partial x_3}\right),$$

$$\text{curl}(f_1,f_2,f_3)=(g_{23},g_{13},g_{12}),\qquad g_{ij}=\frac{\partial f_j}{\partial x_i}-\frac{\partial f_i}{\partial x_j},$$

$$\text{div}(g_1,g_2,g_3)=\frac{\partial g_1}{\partial x_1}+\frac{\partial g_2}{\partial x_2}+\frac{\partial g_3}{\partial x_3}.$$

容易验证

$$\text{curl}\circ\text{grad}=0,\ \text{div}\circ\text{curl}=0.$$

这样我们就得到两个商群

$$H^1(U)=\text{Ker}(\text{curl})/\text{Im}(\text{grad}),$$
$$H^2(U)=\text{Ker}(\text{div})/\text{Im}(\text{curl}).$$

上述作法可以推广到 $U\subset\mathbf{R}^n$ 上。设 $\binom{n}{p}$ 为二项系数，函数 $f:U\to\mathbf{R}^{\binom{n}{p}}$ 由分量 $f_{i_1,\cdots,i_p}:U\to R^n$ 给出。定义其微分 $df:U\to\mathbf{R}^{\binom{n}{p+1}}$ 为 $df=(g_{i_1,\cdots,i_{p+1}})$，其中

$$g_{i_1,\cdots,i_{p+1}}=\sum_{k=1}^{p+1}(-1)^{k-1}\frac{\partial f_{i_1,\cdots,\hat{i}_k,\cdots,i_{p+1}}}{\partial x_{i_k}},$$

$$(i_1,\cdots,\hat{i}_k,\cdots,i_{p+1})=(i_1,\cdots,i_{k-1},i_{k+1},\cdots,i_{p+1}).$$

可以验证，$d\circ d=0$。因此有复形

(3.5) $$C^{\infty}(U,\mathrm{R})\xrightarrow{d^0}C^{\infty}(U,\mathrm{R}^n)\xrightarrow{d^1}C^{\infty}(U,\mathrm{R}^{\binom{n}{2}})\xrightarrow{d^2}\cdots$$
$$\cdots\xrightarrow{d^{n-1}}C^{\infty}(U,\mathrm{R}),$$

以及同调群

$$H^i(U)=\mathrm{Ker}(d^i)/\mathrm{Im}(d^{i-1}),$$

它们称为$U$的 de Rham 上同调群。

我们用另外一种观点来看上面的映射 $d$。记 $V=\mathrm{R}^n$。光滑映射 $f\in C^{\infty}(U,\mathrm{R})$ 在点 $x\in U$ 处的微分是一个线性映射

$$D_xf:V\to\mathrm{R}.$$

在$U$中变动 $x$，我们得到从$U$到对偶空间 $V^*=\mathrm{Hom}(V,\mathrm{R})$ 的一个映射

$$df\in C^{\infty}(U,V^*).$$

现在设 $f\in C^{\infty}(U,V^*)$。类似地对 $f$ 微分可得到

$$D_xf\in\mathrm{Hom}(V,V^*).$$

但一个线性映射 $\varphi:V\to V^*$ 等价于一个双线性映射 $\varphi:V\times V\to\mathrm{R}$。从而我们有

$$D_xf:V\times V\to R.$$

现在定义

$$d_xf(u,v)=D_xf(u,v)-D_xf(v,u).$$

这是关于两个变量的交错函数，让$x$在$U$中变化，我们得到一个 $C^{\infty}$ 函数

$$df\in C^{\infty}(U,\mathrm{Alt}^2(V)).$$

这样我们就有了一个映射

$$d:C^{\infty}(U,V^*)\to C^{\infty}(U,\mathrm{Alt}^2(V)).$$

一般地，令 $\mathrm{Alt}^p(V)$ 为由$p$次交错函数 $\phi:V\times V\times\cdots\times V\to R$ 全体构成的线性空间。这里的交错是指$\phi$满足

$$\phi(v_1,\cdots,v_i,\cdots,v_j,\cdots)=-\phi(v_1,\cdots v_j,\cdots,v_i,\cdots),\ i\neq j.$$

构造映射

$$d:C^{\infty}(U,\mathrm{Alt}^p(V))\to C^{\infty}(U,\mathrm{Alt}^{p+1}(V)),$$

(3.6) $$d_x f(v_1,\cdots,v_{p+1}) = \sum_{k=1}^{p+1}(-1)^{k-1}D_x f(v_k,v_1,\cdots,\hat{v}_k,\cdots,v_{p+1}).$$

若 $\dim V = n$，则 $\dim \mathrm{Alt}^p(V) = \binom{n}{p}$. 容易验证，(3.5) 等价于复形

(3.7) $$C^\infty(U,\mathbf{R}) \xrightarrow{d} C^\infty(U,\mathrm{Alt}^1(V)) \xrightarrow{d} C^\infty(U,\mathrm{Alt}^2(V)) \xrightarrow{d} \cdots \xrightarrow{d} C^\infty(U,\mathrm{Alt}^n(V)).$$

通常我们记 $\Omega^p(U) = C^\infty(U,\mathrm{Alt}^p(V))$. 特别地，$\Omega^0(U)$ 为 $U$ 上全体光滑函数 $(=C^\infty(U,\mathbf{R}))$.

我们需要一些多重线性代数的知识，对实向量空间 $V$，构造

$$\otimes^k V = V\otimes\cdots\otimes V \quad (k\ \text{重张量积}),$$

$$\wedge^k V = \otimes^k V / J_k V \quad (k\ \text{重外积}),$$

这里 $J_kV$ 是由集合

$$\{v_1\otimes\cdots\otimes v_k \mid \text{存在 } i,j; i\neq j, v_i = v_j\}$$

所张成的线性子空间. $\wedge^k V$ 中由 $v_1\otimes\cdots\otimes v_k$ 所代表的元素记为 $v_1\wedge\cdots\wedge v_k$. 这些符号是交错的，也就是说，如果 $\pi$ 是一个置换，则

$$v_{\pi(1)}\otimes\cdots\otimes v_{\pi(k)} = \mathrm{sgn}(\pi)\cdot v_1\wedge\cdots\wedge v_k.$$

给定 $V$ 的一组基 $e_1,\cdots,e_n$；则 $\{e_{i_1}\wedge\cdots\wedge e_{i_k} \mid i_1<\cdots<i_k\}$ 构成 $\wedge^k V$ 的一组基. 因此 $\dim \wedge^k V = \binom{n}{k}$.

$\wedge^k V$ 上的线性函数可视为 $k$ 个变量的交错函数：

$$\tilde{f}(v_1,\cdots,v_k) = f(v_1\wedge\cdots\wedge v_k).$$

反之，任何 $k$ 个变量的交错函数都可以写成这样的形式. 因此

$$\mathrm{Hom}(\wedge^k(V),\mathbf{R}) = \wedge^k(V)^* = \mathrm{Alt}^k(V).$$

在 $\wedge^k(V)^*$ 与 $\wedge^k(V^*)$ 之间存在一个由行列式给出的自然同构. 实际上，配对

$$b: \wedge^k(V^*)\otimes\wedge^k(V)\to\mathbf{R},$$

$$b(u_1^*\wedge\cdots\wedge u_k^*, v_1\wedge\cdots\wedge v_k) = \det(u_i^*(v_j)),$$

是非退化的，它定义了同构

(3.8) $\tilde{b}: \wedge^k(V^*) \to \mathrm{Hom}(\wedge^k(V), \mathbf{R}) = \wedge^k(V)^*$.

显然，存在着一个乘积

$$\wedge^k(V^*) \otimes \wedge^l(V^*) \to \wedge^{k+l}(V^*),$$

它把 $\omega\otimes\varphi$ 对应到 $\omega\wedge\varphi$. 在同构(3.8)下，它对应于交错函数之间的乘积，即所谓的外积. 下面是一种直接的定义方法.

给定 $f\in \mathrm{Alt}^k(V), g\in \mathrm{Alt}^l(V)$，则它们的外积 $f\wedge g\in \mathrm{Alt}^{k+l}(V)$ 由下述公式给出:

(3.9) $(f\wedge g)(v_1\wedge\cdots\wedge v_{k+l})$

$$= \sum \mathrm{sgn}(\pi)\cdot f(v_{\pi(1)},\cdots,v_{\pi(k)})\cdot g(v_{\pi(k+1)},\cdots,v_{\pi(k+l)}).$$

其中求和对一切满足条件

$$\pi(1)<\cdots<\pi(k) \text{ 和 } \pi(k+1)<\cdots<\pi(k+l)$$

的置换 $\pi$ 进行. 若 $k=l=1$，则

$$(f\wedge g)(v_1,v_2) = f(v_1)g(v_2) - f(v_2)g(v_1).$$

(3.9)中的乘积是分次交换(即反交换)的:

$$f\wedge g = (-1)^{|f|\cdot|g|} g\wedge f,\quad |f| = k,\quad |g| = l,$$

并且它是结合的. 令 $\wedge^0(V) = \mathbf{R} = \mathrm{Alt}^0(V)$. 用数乘把(3.9)扩张到包含 $k=0$ 或 $l=0$ 的情形. 这样，对固定的 $V$，我们就得到了一个分次交换代数

(3.10) $$\wedge^*(V^*) = \sum_{k=0}^{\infty}{}^{\oplus} \wedge^k(V^*) = \sum_{k=0}^{\infty}{}^{\oplus}\mathrm{Alt}^k(V).$$

当 $k>\dim V$ 时，$\wedge^k(V^*)=0$.

对于 $V=\mathbf{R}^n$ 的情形，令 $dx_1,\cdots,dx_n\in V^*$ 为 $\mathbf{R}^n$ 的标准基的对偶基. 对多重指标 $I=(i_1,\cdots i_k)$，令 $dx_I = dx_{i_1}\wedge\cdots\wedge dx_{i_k}$. 则满足 $i_1<\cdots<i_k$ 的 $dx_I$ 全体构成了 $\mathrm{Alt}^k(V)$ 的一组基. 因此 $\Omega^k(V)$ 中任何元素都可写成

$$\omega = \sum f_I dx_I,\quad f_I\in C^\infty(U,\mathbf{R}).$$

利用(3.9)，可把(3.6)中的微分表达为

(3.11) $$d\omega = \sum_{i=1}^{n} \frac{\partial f_I}{\partial x_i}(x)dx_i\wedge dx_I.$$

从这一公式可以看出，$d$ 满足 $d\circ d=0$。并且对任何 $\omega\in\Omega^k(U)$，$\varphi\in\Omega^l(U)$，都有

$$(3.12)\qquad d(\omega\wedge\varphi)=d\omega\wedge\varphi+(-1)^{|\omega|}\omega\wedge d\varphi.$$

当 $k=0$ 时，$\omega$ 是一个函数，而(3.11)就是一般的微分公式。(若 $I=\varnothing$，则定义 $dx_I=1$)。特别地，第 $i$ 个坐标函数 $x_i$: $U\to\mathbf{R}$ 的微分是一个常值映射 $dx_i:U\to V^*$，其值 $dx_i\in V^*$。

给定开集 $U_1\subset\mathbf{R}^n$，$U_2\subset\mathbf{R}^m$ 及光滑映射 $\varphi$: $U_1\to U_2$，可以定义诱导映射

$$\varphi^*:\Omega^*(U_2)\to\Omega^*(U_1),$$



它是可乘的，与微分运算可交换，并且在 $\Omega^0$ 上相当于用 $\varphi$ 作复合运算 ($\varphi^*(f)=f\circ\varphi$)。事实上，满足这些要求的映射只有一种可能性，即

$$(3.13)\qquad \varphi^*\left(\sum f_I dy_{i_1}\wedge\cdots\wedge dy_{i_k}\right)=\sum(f_I\circ\varphi)d\varphi_{i_1}\wedge\cdots\wedge d\varphi_{i_k},$$

其中 $\varphi_i$ 为 $\varphi$ 的第 $i$ 个分量. 显然，$(\varphi\circ\psi)^*=\psi^*\circ\varphi^*$. 这样，de Rham 复形(3.7)就形成了一个反变函子.

我们希望把上面的讨论整体化，用流形 $M$ 来代替 $U$。这时向量空间 $V$ 将用流形的切空间 $T_pM$ 来代替，并且我们将考虑"光滑"族 $\omega_p\in\mathrm{Alt}^k(T_pM)$，$p\in M$.

确切地说，我们要考虑 $M$ 上光滑向量场的集合 $\mathscr{X}(M)$。它是环 $C^\infty(M)=C^\infty(M,\mathbf{R})$ 上的模. 给定 $X_1,\cdots,X_k\in\mathscr{X}(M)$ 以及一个族 $\omega_p\in\mathrm{Alt}^k(T_pM)$，$P\in M$，之后，赋值映射确定了一个函数 $p\to\omega_p(X_1,\cdots,X_k)$。我们要求这个函数是光滑的. 因此我们作以下的定义，它是前面概念的推广.

**定义 3.14.** 流形 $M$ 上一个 $k$ 次（微分）形式是一个交代的 $C^\infty(M,\mathbf{R})$-多重线性函数

$$\omega:\mathscr{X}(M)\times\cdots\times\mathscr{X}(M)\to C^\infty(M)=C^\infty(M,\mathbf{R})$$

(其中 $\mathscr{X}(M)$ 的个数为 $k$). 全体 $k$ 次形式的集合记为 $\Omega^k(M)$.

$\omega$ 在 $p\in M$ 点的值记为 $\omega_p(X_1,\cdots,X_k)$。我们需要下面的引理(通常叫做张量性质).

**引理 3.15.** 若 $\varphi:\mathscr{X}(M)\to C^\infty(M)$ 是 $C^\infty(M)$-线性的，则

$\varphi_p(X)$ 仅依赖于 $X_p$ 的值.

证. 我们要证明当 $X_p = 0$ 时, $\varphi_p(X) = 0$. 设 $(U, x)$ 为 $p$ 点附近的坐标系. 则 $X|_U = \sum a_i \frac{\partial}{\partial x_i}$, 设 $\varepsilon$ 为支集在 $U$ 中并且在 $p$ 的某个邻域上取值为 1 的光滑函数, 对 $q \in M$, 定义

$$\hat{a}_i(q) = \varepsilon(q) a_i(q); \hat{a}_i \in C^\infty(M),$$

$$X_{iq} = \varepsilon(q) \left.\frac{\partial}{\partial x_i}\right|_q; \quad X_i \in \mathscr{X}(M),$$

则有 $X = \sum \hat{a}_i X_i + (1 - \varepsilon^2) X$. 由 $\varphi$ 的线性性质, 即得.

$$\varphi_p(X) = \sum \hat{a}_i(p) \varphi_p(X_i) + (1 - \varepsilon^2)(p) \varphi_p(X) = 0 \quad \blacksquare$$

由这个引理可知, (3.14)中的函数在 $p$ 点的值 $\omega_p(X_1, \cdots, X_k)$ 仅依赖于 $X_{1p}, \cdots, X_{kp}$. 因此对任意 $p \in M$, $\omega_p$ 都是 $\mathrm{Alt}^k(T_pM)$ 中元素. 记 $\Omega^0(M) = C^\infty(M)$, 用(3.9)逐点定义从 $\Omega^k(M) \otimes \Omega^l(M)$ 到 $\Omega^{k+l}(M)$ 的乘积. 则 $\Omega^*(M) = \sum^{\oplus} \Omega^k(M)$ 就形成了一个分次交换 $C^\infty(M)$-代数, 即 $M$ 上的微分形式代数.

现在我们要在 $\Omega^*(M)$ 上引入微分算子 $d$. 给定函数 $f \in \Omega^0(M)$, $df$ 定义为 $f$ 的方向导数

$$df: \mathscr{X}(M) \to C^\infty(M).$$

它是 $C^\infty(M)$-线性的, 因此 $df \in \Omega^1(M)$.

**引理 3.16.** 存在唯一的映射 $d: \Omega^k(M) \to \Omega^{k+1}(M)$, $k \geq 0$, 满足

(i) $d^2 = 0$,

(ii) 对 $k = 0$, $df$ 定义如上,

(iii) $d(\omega \wedge \varphi) = d\omega \wedge \varphi + (-1)^{|\omega|} \omega \wedge d\varphi$.

证. 任给 $p \in M$ 和 $\omega \in \Omega^k(M)$, 我们要在 $p$ 的邻域中定义 $(d\omega)_q$. 设 $(U, x)$ 为 $p$ 点附近的坐标系. 则在该邻域中 $\omega$ 可写成

$$\omega|_U = \sum f_I(x) dx_I, \quad dx_I = dx_{i_1} \wedge \cdots \wedge dx_{i_k}.$$

如果 $d$ 满足 (ii), (iii), 则有定义

(*) $\quad (d\omega)_q = \sum df_I(q) \wedge dx_I \in \mathrm{Alt}^{k+1}(T_q(M))$; $q \in U$.

$d$ 的定义是唯一的. 可以验证, 这样定义的 $d$ 确实满足引理中的

三个条件. ∎

**注 3.17.** 我们也可以用下面的公式来直接定义 $d$（其中 $X_0, \cdots, X_k \in \mathscr{X}(M)$, $[X_i, X_j]$ 为李括号).

$$d\omega(X_0, \cdots, X_k) = \sum_{i=0}^{k} (-1)^i X_i(\omega(X_0, \cdots, \hat{X}_i, \cdots, X_k))$$

$$+ \sum_{i<j} (-1)^{i+j} \omega([X_i, X_j], \cdots, \hat{X}_i, \cdots, \hat{X}_j, \cdots, X_k).$$

为了验证这个定义与(3.16)等价，只需对局部情形，即 $M = U$ 为 $\mathbf{R}^n$ 中一个开集的情形来验证两者相同. 这时

$$X_i = \sum f_{i\nu}(x) \frac{\partial}{\partial x_\nu},$$

$$[X_i, X_j] = \sum_\nu \sum_k \left( f_{ik}(x) \frac{\partial f_{j\nu}}{\partial x_k} - f_{jk} \frac{\partial f_{i\nu}}{\partial x_k} \right) \frac{\partial}{\partial x_\nu}.$$

这样，上式与(3.11)之间等价性的验证就转化成了一个冗长的计算过程. 请读者至少对 $\omega \in \Omega^1$ 的情形作出以上计算来验证等式

$$d\omega(X_0, X_1) = X_0(\omega(X_1)) - X_1(\omega(X_0)) - \omega([X_0, X_1]).$$

**定义 3.18.** $M$ 的 de Rham 复形为分次微分代数 $(\Omega^*(M), d)$:

$$0 \to \Omega^0(M) \xrightarrow{d} \Omega^1(M) \xrightarrow{d} \cdots \xrightarrow{d} \Omega^k(M) \xrightarrow{d} \cdots,$$

其同调群称为$M$的 de Rham 上同调群，记作 $H^i_{dR}(M)$.

$\Omega^*(M)$ 的乘积诱导了 $H^*_{dR}(M)$ 的乘积，并使之成为分次交换代数.

de Rham 代数是一个反变函子. 实际上，如果 $\varphi: M' \to M$ 是光滑映射，则

$$\varphi^*(\omega)_p(X_{1p}, \cdots, X_{kp}) = \omega_{\varphi(p)}(\varphi_*(X_{1p}), \cdots, \varphi_*(X_{kp})).$$

其中 $\varphi_* = d\varphi_p: T_pM' \to T_{\varphi(p)}M$ 是映射 $\varphi$ 的微分. 上式推广了(3.13)的定义. 映射 $\varphi^*$ 是分次代数之间的同态.

以上我们引入了 de Rham 复形. 但除了在开头证明了 $H^1_{dR}(\mathbf{R}^2 - 0) \neq 0$ 之外，没有讲到任何计算 de Rham 同调群的方

法.

对一般情形的计算是从下面的重要引理开始的. 通常称为 Poincaré 引理.

设 $U\subset\mathbf{R}^n$ 为开集，$e\in U$. 如果对任何 $x\in U$，线段 $[e,x]$ 都包含在 $U$ 中，则称 $U$ 关于 $e$ 是**星形的**.

对于星形开集 $U$，包含映射 $\{e\}\to U$ 是同伦等价. 由 (2.4) 可知. $U$ 与 $\{e\}$ 的奇异同调群是相等的:

$$H^i(U)=\begin{cases}0, & i>0,\\ \mathbf{R}, & i=0,\end{cases}\quad (\text{系数域 } k=\mathbf{R}).$$

对 de Rham 上同调，Poincaré 引理给出了同样的结论:

**引理 3.19.** 对任意星形集 $U$，都有 $H^0_{dR}(U)=\mathbf{R}, H^i_{dR}(U)=0, i>0$.

证. 我们要构造一个收缩同伦

$$K:\Omega^k(U)\to\Omega^{k-1}(U),k=1,2,\cdots$$

(见 1.). 定义映射 $\pi:U\times[0,1]\to U$, 其中

$$\pi(x,t)=t\cdot x+(1-t)\cdot e.$$

每个 $U\times[0,1]$ 上的 $k$-形式 $\omega$ 都可唯一地写成

$$\omega=dt\wedge\alpha+\beta,$$

其中 $\alpha$ 与 $\beta$ 不含 $dt$. 定义

$$\hat{K}(\omega)=\int_{t=0}^1\alpha=\sum_I\left(\int_{t=0}^1\alpha_I(x,t)\right)dx_I,$$

$$\alpha=\sum\alpha_I(x,t)dx_I.$$

通过具体计算，可得

$$\begin{aligned}&d\hat{K}(\omega)+\hat{K}(d\omega)\\&=\int_{t=0}^1 d_x\alpha+\hat{K}(-dt\wedge d_x\alpha+d_t(\beta)+d_x(\beta))\\&=\int_{t=0}^1 d_x\alpha-\int_{t=0}^1 d_x\alpha+\int_{t=0}^1 d_t(\beta)\\&=\beta_{(1,x)}-\beta_{(0,x)}.\end{aligned}$$

设 $k>0$, $\omega=\pi^*(\varphi),\varphi\in\Omega^k(U)$. 则 $\beta_{(1,x)}=\beta_x$. 且 $\beta_{(0,x)}$

$=0$，这是因为 $\pi|_{U\times 0}$ 是常值映射．当 $k=0$ 时，$\beta$ 是函数，$\beta_{(1,x)}=\beta(x)$，$\beta_{(0,x)}=\beta(e)$．

令 $K(\varphi)=\hat{K}(\pi^*(\varphi))$．则

$$dK(\varphi)+K(d\varphi)=\varphi,\qquad \varphi\in\Omega^k(U),k>0,$$

$$K(d\varphi)=\varphi-\varphi(e),\qquad \varphi\in\Omega^0(U).$$

这两个式子说明 $K$ 是同伦收缩．因此引理成立．∎

在结束本节之前，我们对一般的代数作一些讨论．它可以使我们了解到 de Rham 复形的一些形式特性．

设 $k$ 为特征为零的域，$\mathbb{Q}\subset k$．设 $A$ 为（不一定可交换的）代数．我们要定义 $A$ 的"de Rham 复形"．首先我们回顾一下导子的概念．

设 $E$ 为 $A$ 双模．也就是说，$E$ 既是左 $A$ 模又是右 $A$ 模，并且

$$(ae)\alpha=a(e\alpha),\quad a,\alpha\in A,\quad e\in E.$$

一个 $k$-线性映射 $D:A\to E$ 称为导子，若对所有 $a,b\in A$，都有

$$D(ab)=D(a)b+aD(b).$$

事实上，存在着一个泛导子 (universal derivation)，其定义如下．令

$$\mu:A\otimes A\to A$$

为 $A$ 的乘积运算。它的核 $\Omega_1(A)=\mathrm{Ker}\mu$ 是 $A$ 双模．并且

$$dA:A\to\Omega_1(A),\quad d_A(a)=1\otimes a-a\otimes 1$$

是一个导子．

**引理 3.20.** 给定任意导子 $D:A\to E$，存在唯一的 $A$ 双模同态 $\varphi:\Omega_1(A)\to E$，使得 $D=\varphi\circ dA$．

证．任何导子都把 $1\in A$ 映到零．这可由计算 $D(1\cdot 1)$ 得到．定义 $\varphi(\sum a_i\otimes b_i)=\sum a_iD(b_i)$．则 $D=\varphi\circ dA$，并且 $\varphi$ 是满足这一性质的唯一同态，因为 $\Omega_1(A)$ 作为 $A$ 双模是由所有形为 $1\otimes a-a\otimes 1$ 的元素生成的．

令 $\Omega_n(A)=\Omega_1(A)\otimes\cdots\otimes\Omega_1(A)$（$n$ 个因子），$\Omega_0(A)=A$．在 $\Omega_*(A)=\sum^{\oplus}\Omega_n(A)$ 上有一个自然的分次代数结构．映射 $d_A$ 可唯一地扩张为一个 $k$ 线性映射

$$d: \Omega_n(A) \to \Omega_{n+1}(A),$$

满足

(i) $d \circ d = 0$,

(ii) $d(\omega_i \omega_j) = d(\omega_i)\omega_j + (-1)^i \omega_i d(\omega_j)$.

代数 $\Omega_*(A)$ 不是分次交换的. 但我们可用下面的方法来定义它的一个商. 令 $[\Omega_*(A), \Omega_*(A)]_n$ 为由全体形为

$$\omega_i \omega_j - (-1)^{ij} \omega_j \omega_i, \qquad i + j = n$$

的元素所生成的 $k$ 向量空间, 其中 $\omega_i \in \Omega_i(A)$, $\omega_j \in \Omega_j(A)$. 令

$$\bar{\Omega}_n(A) = \Omega_n(A) / [\Omega_*(A), \Omega_*(A)]_n.$$

映射 $d$ 诱导的同态仍记为 $d$. 我们得到复形

$$0 \to \bar{\Omega}_0(A) \xrightarrow{d} \bar{\Omega}_1(A) \xrightarrow{d} \bar{\Omega}_2(A) \xrightarrow{d} \cdots.$$

其同调群就称为 $A$ 的非交换 de Rham 上同调群, 记为 $\bar{H}_*^{dR}(A)$. 更详细的讨论可见 13.

## 习　　题

1. 令 $V$ 为带内积的向量空间. 在每个 $\wedge^p V$ 上定义内积

$$\langle v_1 \wedge \cdots \wedge v_p, w_1 \wedge \cdots \wedge w_p \rangle = \det(\langle v_i, w_j \rangle).$$

若 $e_1, \cdots, e_n$ 为 $V$ 的正交基, 则 $e_{i_1} \wedge \cdots \wedge e_{i_p}$, $i_1 < \cdots < i_p$, 构成 $\wedge^p V$ 的一组正交基.

若 $\dim V = n$, 则 $\wedge^n V$ 是一维的. 它的一个单位向量 $\omega \in \wedge^n V$ 称为是一个体积元素或者一个定向. 定义 Hodge 星号算子

$$*: \wedge^p V \to \wedge^{n-p} V,$$

为满足

$$\langle *\varphi, \phi \rangle \omega = \varphi \wedge \phi, \qquad \forall \phi \in \wedge^{n-p} V$$

的线性映射. 取正交基 $e_1, \cdots, e_n$, 使得 $\omega = e_1 \wedge \cdots \wedge e_n$. 证明

(a) $*(e_1 \wedge \cdots \wedge e_p) = e_{p+1} \wedge \cdots \wedge e_n$,

(b) 在 $\wedge^p V$ 上有算子的等式

$$* \circ * = (-1)^{p(n-p)},$$

(c) 设 $\alpha: \wedge^p V \to \wedge^p V$ 为同态，满足 $\alpha(v_1 \wedge \cdots \wedge v_p) = v_p \wedge \cdots \wedge v_1$。则算子 $\tau = * \circ \alpha$ 满足关系式 $\tau^2 = (-1)^{n(n-1)/2}$。

2. 设 $V$ 为定向的内积空间. 对 $v \in V$，定义映射 $F_v: \wedge^p V \to \wedge^{p+1} V$ 为 $F_v(\varphi) = v \wedge \varphi$。设 $F_v^*: \wedge^{p+1} V \to \wedge^p V$ 为 $F_v$ 的伴随算子，即 $\langle F_v \varphi, \psi \rangle = \langle \varphi, F_v^* \psi \rangle$。证明在 $\wedge^{p+1} V$ 上有算子的等式 $F_v^* = (-1)^{np} * F_v *$。

设 $e_1, \cdots, e_n$ 为 $V$ 的正交基。证明

(a) $F_v^*(e_1 \wedge \cdots \wedge e_{p+1}) = \sum_{i=1}^{p+1} (-1)^{i+1} \langle v, e_i \rangle e_1 \wedge$
$$\cdots \wedge \hat{e}_i \wedge \cdots \wedge e_{p+1},$$

(b) $F_v F_v^* + F_v^* F_v: \wedge^p V \to \wedge^p V$ 是乘积运算
$$\omega \longmapsto \pm \|v\| \omega.$$

3. 证明 $\dim H_{dR}^0(M)$ 等于 $M$ 的连通分支数.

4. 设 $M$ 为流形，$U, V \subseteq M$ 为开集，$U \cup V = M$。用单位分解证明存在正合序列
$$0 \to \Omega^*(M) \to \Omega^*(U) \otimes \Omega^*(V) \xrightarrow{i^* - j^*} \Omega^*(U \cap V) \to 0.$$

对 $M = S^1$ 的情形具体作出以上分解，从而导出 $H_{dR}^1(S^1) = \mathbf{R}$ (用 Poincaré 引理).

5. 考虑球面 $x_1^2 + x_2^2 + x_3^2 = r^2$ 上的 2-形式
$$\omega = \frac{1}{r}(x_1 dx_2 dx_3 - x_2 dx_1 dx_3 + x_3 dx_1 dx_2).$$

设 $r: \mathbf{R}^3 - 0 \to \mathbf{R}$ 为到零点的距离函数. 证明

(a) $dr \wedge \omega = dx_1 dx_2 dx_3$,

(b) $\int_{S^2} \omega \neq 0$.

6. 设 $A$ 为有单位元的代数. 证明 $(\Omega_*(A), d_*)$ 具有下述泛性质：给定任何带微分的分次代数 $\Omega_*$ 及同态 $\varphi: A \to \Omega_0$，存在唯一的满足 $\varphi_0 = \varphi$ 的分次代数同态
$$\varphi_*: \Omega_*(A) \to \Omega_*.$$

7. 设 $A$ 为有单位元的交换代数. 定义
$$\Omega_A^1 = \mathrm{Ker}\mu / \mathrm{Ker}\mu \cdot \mathrm{Ker}\mu, \quad \mu: A \otimes A \to A,$$

为乘积映射。令 $d_A(a)=1\otimes a-a\otimes 1$。

证明类似于引理 3.20 的结果。

定义 $\Omega_A^n=\wedge_A^n(\Omega_A^1)=\Omega_A^1\otimes_A\cdots\otimes_A\Omega_A^1/J_n$，并定义一个微分 $d$: $\Omega_A^n\to\Omega_A^{n+1}$。叙述并证明关于 $(\Omega_A^*,d)$ 的泛性质。设 $A$ 为单变元 $x$ 的多项式代数，通过对 $\deg(f)$ 归纳，证明 $d_A(f)=f'(x)dx$，其中 $f'(x)$ 为 $f(x)$ 的(形式)导数。

# 4. 代数的同调

在本节中，$k$ 为带单位元的交换环，$A$ 为 $k$ 代数．我们将定义 $A$ 的某种同调群．我们从所谓的双侧杠结构（two-sided bar construcure）开始．令

$$A^{(n)} = A\otimes\cdots\otimes A,\ (n\ \text{个因子},\otimes = \otimes_k),$$

$$B_n(A,A) = A\otimes A^{(n)}\otimes A,\ (= A^{(n+2)}),$$

(4.1) $$\partial_i: B_n(A,A) \to B_{n-1}(A,A),\ i = 0,\cdots,n,$$

$$\partial_i(a_0\otimes\cdots\otimes a_{n+1}) = a_0\otimes\cdots\otimes a_i a_{i+1}\otimes\cdots\otimes a_{n+1};$$

$$s_i: B_{n-1}(A,A) \to B_n(A,A),\ i = 0,\cdots,n-1,$$

$$s_i(a_0\otimes\cdots\otimes a_n) = a_0\otimes\cdots\otimes a_i\otimes 1\otimes a_{i+1}\otimes\cdots\otimes a_n.$$

在 $B_n(A,A)$ 上定义 $A$-双模结构为

$$a(a_0\otimes\cdots\otimes a_{n+1}) = aa_0\otimes\cdots\otimes a_{n+1},$$

$$(a_0\otimes\cdots\otimes a_{n+1})a = a_0\otimes\cdots\otimes a_{n+1}a.$$

这时，$\{B_n(A,A),\ \partial_i,\ s_i\}$ 构成了一个单纯 $A$-双模．（即满足(2.2)）．

通过定义微分算子 $\partial = \Sigma(-1)^i\partial_i$，我们得到了一个复形，称为 $A$ 的双侧杠结构：

(4.2) $$\cdots \to B_n(A,A)\xrightarrow{\partial} B_{n-1}(A,A)\xrightarrow{\partial}\cdots \to B_0(A,A) \to 0.$$

每个 $\partial$ 都是 $A$-双模同态，并且 $\partial\circ\partial = 0$．$A$ 中的乘积给出了一个 $A$-双模同态

$$\varepsilon: B_0(A,A) \to A.$$

设 $M$ 为右 $A$-模，$N$ 为左 $A$-模．令

$$B_n(M;A;N) = M\otimes_A B_n(A,A)\otimes_A N.$$

**引理 4.3.** 下面的序列是正合的：

$$\cdots \to B_n(A;A;N) \to \cdots \to B_0(A;A;N) \xrightarrow{\varepsilon\otimes 1} N \to 0,$$

$$\cdots \to B_n(M;A;A) \to \cdots \to B_0(M;A;A) \xrightarrow{1\otimes\varepsilon} M \to 0.$$

**证.** 定义

$$K_n: B_n(A;A;N) \to B_{n+1}(A;A;N),$$
$$a_0\otimes\cdots\otimes a_n\otimes x_{n+1} \longmapsto 1\otimes a_0\otimes\cdots\otimes a_n\otimes x_{n+1},$$
$$K_{-1}: N \to B_0(A;A;N),$$
$$x \longmapsto 1\otimes x.$$

则 $\partial K_n + K_{n-1}\partial = id$，且 $\varepsilon K_{-1} = id$. 这说明 $\{K_i\}$ 为收缩同伦，从而序列是零调的. 另一个序列正合性的证明也类似. ∎

**注 4.4.** 设 $A^0$ 为反向 $A$-代数（即 $A^0 = A$，但乘积相反：$\mu^0(a\otimes\alpha) = \mu(\alpha\otimes a) = \alpha\cdot a$)，则每个右 $A$-模是一个左 $A^0$-模，而 $A$-双模 $E$ 相当于 $A\otimes A^0$-模（$(a\otimes\alpha)x = ax\alpha, x\in E$). 上面的每个 $B_n(A,A)$ 都是自由 $A\otimes A^0$-模. 在引理 4.3 中取 $N = A$，可知双侧杠结构提供了 $A$ 的一个自由 $A\otimes A^0$-分解. 由定理 1.1，这个分解在链同伦的意义下是唯一的. 类似地，$B_*(A;A;N)$ 是 $N$ 的左 $A$-模自由分解，而 $B_*(M;A;A)$ 是 $M$ 的右 $A$-模自由分解.

设 $E$ 为 $A$-双模，定义

$$Z_n(E) = B_n(A,A)\otimes_{A\otimes A^0}E. \tag{4.5}$$

这是 $B_n(A,A)\otimes E$ 在下列等同关系下的商模：

$$(a_0\otimes\cdots\otimes a_{n+1})\otimes ax \equiv a_0\otimes\cdots\otimes a_{n+1}a\otimes x,$$
$$a_0\otimes\cdots\otimes a_{n+1}\otimes x\alpha \equiv \alpha a_0\otimes\cdots\otimes a_{n+1}\otimes x, \quad x\in E.$$

(4.2)中的微分 $\partial$ 保持 $A$-双模结构，因此诱导了一个微分

$$\partial: Z_n(E) \to Z_{n-1}(E).$$

复形 $(Z_*(E),\partial)$ 称为 $E$ 的 Hochschild 复形.

**定义 4.5.** $Z_*(E)$ 的同调群称为 $A$ 的系数在 $E$ 中的 Hochschild 同调群，记为 $HH_n(A;E)$. 当 $E = A$ 时简记为 $HH_n(A)$.

下面是我们感兴趣的几种特殊情形. 首先设 $A$ 是增广的，即存在一个代数同态

$$\varepsilon: A \to k.$$

有了 $\varepsilon$,我们可以通过定义

$$f\cdot a=\varepsilon(a)f$$

把一个左 $A$-模 $F$ 变为 $A$-双模,记为 $F_\varepsilon$. 类似地,若 $F$ 为右 $A$-模,则可通过 $\varepsilon$ 而把它转化为 $A$-双模,记为 ${}_\varepsilon F$. 我们有:

$$\begin{aligned}Z_n(F_\varepsilon)&=k\otimes_A A\otimes A^{(n)}\otimes A\otimes_A F\\&\cong A^{(n)}\otimes F\\&\cong B_n(k;A;F),\end{aligned}$$

$$\begin{aligned}\partial(a_1\otimes\cdots\otimes a_n\otimes f)&=\varepsilon(a_1)a_2\otimes\cdots\otimes a_n\otimes f\\&\quad-a_1a_2\otimes\cdots\otimes a_n\otimes f+\cdots\\&\quad+(-1)^n a_1\otimes\cdots\otimes a_{n-1}\otimes a_n f.\end{aligned}$$

这说明 $Z_*(F_\varepsilon)=B_*(k;A;F)$. 类似地,若 $F$ 为右 $A$-模,则 $Z_*({}_\varepsilon F)=B_*(F;A;k)$. 它们的同调群一般记为 $H_n(A;F)$:

(4.7) $\quad H_n(A;F)=HH_n(A;F_\varepsilon)\qquad(F$ 为左 $A$-模$)$,

$\qquad\quad H_n(A;F)=HH_n(A;{}_\varepsilon F)\qquad(F$ 为右 $A$-模$)$.

杠分解一般很大,不易用于直接计算. 但另一方面,由于它具有函子性质,所以在理论上很有用.

对一个增广代数 $A$,可得到(4.3)的两个特殊情形,即 $B_*(k;A;A)$ 和 $B_*(A;A;k)$. 前者是 $k$ 的右 $A$-模分解,后者为 $k$ 的左 $A$-模分解. 由定理 1.1,当需要计算左 $A$-模 $F$ 的同调群 $H_*(A;F)$ 时,可用 $k$ 的另外的自由分解来代替 $B_*(k;A;A)$. 对右 $A$-模也是如此. 我们用一个重要例子来说明这一点.

设 $G$ 为离散群(例如有限群). 我们有一个相应的群环 $kG$,其元素为有限和

$$\Sigma\lambda_i g_i\in kG,\ \lambda_i\in k,g_i\in G.$$

利用 $G$ 的乘法表,可以定义这些元素的乘积. 在 $kG$ 上定义增广 $\varepsilon$ 为

$$\varepsilon(\Sigma\lambda_i g_i)=\Sigma\lambda_i\in k.$$

因而可以考虑其增广同调,记为

(4.8) $\qquad\qquad H_n(G;F)(=H_n(kG;F)).$

设 $G$ 为 $m$ 阶循环群,$T$ 为其生成元. 考虑两个算子

$$D,N:F\to F,$$
$$D(f)=(1-T)f,$$
$$N(f)=(1+T+\cdots+T^{m-1})f.$$

由 $T^m=1$ 可知，$N\circ D=D\circ N=0$。

**引理 4.9.** 当 $F=kG$ 时，

$$\operatorname{Im}D=\operatorname{Ker}N,\ \operatorname{Im}N=\operatorname{Ker}D.$$

因此有 $k$ 的自由分解

$$\cdots\to kG\xrightarrow{N}kG\xrightarrow{D}\cdots\xrightarrow{N}kG\xrightarrow{D}kG\xrightarrow{\varepsilon}k\to 0,$$

称为 $k$ 的标准分解．通常记为 $W_*$。

证．设 $u=\sum_{i=0}^{m}\lambda_i T^i$。若 $Du=0$，则 $\lambda_0=\cdots=\lambda_{m-1}$．从而 $u=N\lambda$。若 $Nu=0$，则 $\sum\lambda_i=0$，从而

$$u=\sum_{i=0}^{m-1}\lambda_i(T^i-1)=D\left(\sum_{i=0}^{m-1}\lambda_i\left(\frac{T^i-1}{T-1}\right)\right).\ \blacksquare$$

**推论 4.10.** 设 $G$ 为有循环群．则

$$H_0(G;F)=F/D(F),$$
$$H_{2n-1}(G;F)=F^G/N(F),\ F^G=\{f\in F\mid Tf=f\},$$
$$H_{2n}(G;F)=\{f\mid Nf=f\}/D(F).$$

证．由定理 1.1 及引理 4.3 可知，$H_*(G;F)$ 可用下面的复形来计算

$$\cdots\to F\xrightarrow{N}F\xrightarrow{D}F\to 0.\ \blacksquare$$

下面我们考虑(4.6)中的双模 $E$ 是 $A$ 本身的情形．这时，

$$Z_n(A)=A^{(n+1)},$$

(4.11) $$\partial(a_0\otimes\cdots\otimes a_n)=\sum_{i=0}^{n-1}(-1)^i a_0\otimes\cdots\otimes a_ia_{i+1}\otimes\cdots\otimes a_n$$
$$+(-1)^n a_na_0\otimes a_1\otimes\cdots\otimes a_{n-1}.$$

这个复形称为 $A$ 的 Hochschild 复形，或称 $A$ 的循环杠结构．我们有

$$HH_0(A;E)=E/[A,E],$$

$$[A,E]=\{ae-ea\mid e\in E,a\in A\}.$$

当 $E=A$ 时，$HH_0(A,A)$ 就是 $A$ 的交换化．

当我们考虑矩阵的迹算子时，模 $E/[A,E]$ 将自然地出现：全体 $n\times n$ 矩阵的集合 $\mathrm{gl}_n(A)$ 在通常的矩阵运算下是 $\mathrm{gl}_n(A)$ 双模。但迹映射

$$\mathrm{Tr}:\ \mathrm{gl}_n(E)\to E$$

却不是 $\mathrm{gl}_n(A)$ 不变的。也就是说，对 $\lambda\in\mathrm{gl}_n(A)$，$x\in\mathrm{gl}_n(E)$，$\mathrm{Tr}(x\cdot\lambda)=\mathrm{Tr}(\lambda\cdot x)$ 一般不能能立，除非 $[A,E]=0$。因此很自然地应该把迹看成一个映射

$$\mathrm{Tr}:\ \mathrm{gl}_n(E)\to HH_0(A;E)=E/[A,E].$$

这样我们就有 $\mathrm{Tr}(\lambda\cdot x)=\mathrm{Tr}(x\cdot\lambda)$。

以下是 Hochschild 同调群的一个重要性质，称为"Morita 不变性"。

**命题 4.12.** $HH_*(\mathrm{gl}_n(A);\mathrm{gl}_n(E))\cong HH_*(A;E)$.

在证明这个命题之前，先作一点准备。设 $\Lambda$ 是一个代数。令 $V=\Lambda^m$。$V$ 可看成是右 $\Lambda$-模，同时，$V$ 也是左 $\Gamma$-模。其中 $\Gamma=\mathrm{End}_\Lambda(V)$。同样，$V^*=\mathrm{Hom}_\Lambda(V,\Lambda)$ 是右 $\Gamma$-模，也是左 $\Lambda$-模。并且

$$V\otimes_\Lambda V^*=\Gamma_\Gamma,\qquad\qquad (4.13)$$
$$V^*\otimes_\Gamma V=\Lambda.$$

模 $V^*$ 是自由 $\Lambda$-模。因此函子 $-\otimes_\Lambda V^*$ 把正合序列变为正合序列。

(4.12)的证明．采用以上的记号．取 $\Lambda=A\otimes A^0$，$V=\Lambda^m$，$m=n^2$。则

$$V\otimes_\Lambda E=\mathrm{gl}_n(E),$$
$$A\otimes_\Lambda V^*=\mathrm{gl}_n(A),$$
$$\Gamma=\mathrm{gl}_n(A)\otimes\mathrm{gl}_n(A)^0.$$

最后一个等式是因为

$$\begin{aligned}\Gamma&=\Lambda\otimes\mathrm{gl}_m(k)=\Lambda\otimes\mathrm{gl}_n(\mathrm{gl}_n(k))\\&=A\otimes A^0\otimes\mathrm{gl}_n(k)\otimes\mathrm{gl}_n(k)\\&=\mathrm{gl}_n(A)\otimes\mathrm{gl}_n(A^0)\\&=\mathrm{gl}_n(A)\otimes\mathrm{gl}_n(A)^0.\end{aligned}$$

现在，把双侧杠结构 $B_*(A;A)$ 与 $V^*$ 在 $\Lambda$ 上作张量积，得到 $A\otimes_\Lambda V^* = \mathrm{gl}_n(A)$ 的 $\Gamma$-分解 $B_*(A,A)\otimes_\Lambda V^*$. 由于 $V^*$ 是 $\Gamma$-投射模 ($V^{*\otimes m} = \Gamma$)，我们可以用这个分解来计算 $HH_*(\mathrm{gl}_n(A), \mathrm{gl}_n(E))$，而这些群实际上是下面复形的同调群：

$$
\begin{aligned}
&(B_*(A,A)\otimes_\Lambda V^*)\otimes_\Gamma(V\otimes_\Lambda E)\\
&= B_*(A,A)\otimes_\Lambda(V^*\otimes_\Gamma V)\otimes_\Lambda E\\
&= B_*(A,A)\otimes_\Lambda E.
\end{aligned}
$$

最后一个等式由(4.13)推出. 由定义，$B_*(A, A)\otimes_\Lambda E$ 的同调群即为 $HH_*(A,E)$，从而得到命题中的同构.

设 $t$ 为 $n+1$ 阶循环群的生成元. 定义 $t$ 在 $A^{(n+1)}$ 上的作用

$$
\begin{aligned}
&t: A^{(n+1)} \to A^{(n+1)},\\
&t(a_0\otimes\cdots\otimes a_n) = (-1)^n(a_n\otimes a_0\otimes\cdots\otimes a_{n-1}).
\end{aligned}
$$

**引理 4.15.** (A. Connes) (4.11) 中的微分把 $(1-t)A^{(n+1)}$ 映到 $(1-t)A^{(n)}$，从而定义了一个复形

$$
\begin{aligned}
&\cdots \to A^{(n+1)}/(1-t)A^{(n+1)} \xrightarrow{b} A^{(n)}/(1-t)A^{(n)} \to \cdots\\
&\cdots \xrightarrow{b} A^{(2)}/\{a_0\otimes a_1 + a_1\otimes a_0\} \xrightarrow{b} A.
\end{aligned}
$$

引理的证明留给读者. 这个复形是循环复形的原始定义. 它只能用于 $\mathbb{Q}\subset k$ 的情形.

**定义 4.16.** (A.Connes) 设 $\mathbb{Q}\subset k$，则 4.15 中复形的同调群叫做 $A$ 的循环同调群，记为 $HC_n(A)$.

在 §2 中，我们把拓扑空间的奇异复形的性质抽象化而得到单纯集的概念. 类似地，我们可以从(4.1)，(4.11)及(4.14)中抽象出循环集的概念.

在 $Z_*(A)$ 中定义算子

$$
\begin{aligned}
&\partial_i: Z_n(A) \to Z_{n-1}(A), i = 0, 1, \cdots, n,\\
(4.17)\qquad &s_i: Z_{n-1}(A) \to Z_n(A), i = 0, \cdots, n-1,\\
&\tau_n: Z_n(A) \to Z_n(A).
\end{aligned}
$$

其中

$$\partial_i(a_0\otimes\cdots\otimes a_n)=\begin{cases}a_0\otimes\cdots\otimes a_ia_{i+1}\otimes\cdots\otimes a_n, & i<n,\\ a_na_0\otimes a_1\otimes\cdots\otimes a_{n-1}, & i=n,\end{cases}$$

(4.18) $$s_i(a_0\otimes\cdots\otimes a_{n-1})=a_0\otimes\cdots\otimes a_i\otimes 1\otimes a_{i+1}\otimes\cdots\otimes a_{n-1},$$

$$\tau_n(a_0\otimes\cdots\otimes a_n)=a_n\otimes a_0\otimes\cdots\otimes a_{n-1}.$$

公式(4.18)中不涉及符号与和运算，只用到乘积及单位元，因此对一般的群甚至于半群 $G$，都可类似地定义 $Z_n(G)$。

与(2.2)相类似，有下列公式：

$$\partial_i\partial_j=\partial_{j-1}\partial_i,\quad i<j,$$

$$s_is_j=s_{j+1}s_i,\quad i\leqslant j,$$

$$\partial_is_j=\begin{cases}s_{j-1}\partial_i, & i<j,\\ 1, & i=j \text{ 或 } i=j+1,\\ s_j\partial_{i-1}, & i>j+1,\end{cases}$$

(4.19) $$\partial_j\tau_n=\tau_{n-1}\partial_{j-1},\quad 1\leqslant j\leqslant n,$$

$$\partial_0\tau_n=\partial_n,$$

$$s_j\tau_n=\tau_{n+1}s_{j-1},\quad 1\leqslant j\leqslant n,$$

$$s_0\tau_n=\tau_{n+1}^2s_n,$$

$$\tau_n^{n+1}=1.$$

**定义 4.20.** 设 $Z.=\{Z_n\}$ 是一个带算子 $\partial_i$, $s_i$, $\tau_n$ 的分阶集，且这些算子满足(4.19)的关系，则 $Z.$ 称为一个循环集。

(4.19)中的前五个式子与(2.2)是一致的，因此循环集本身也是一个单纯集，或者说，循环集具有一个承载的单纯集结构。

从 2. 的习题 1 可知，对每个单纯集都有一个拓扑空间与之相联系。因此对循环集也是如此。循环集的意义之一就是它对应的拓扑空间上有一个自然的(连续) $S^1$ 作用。

## 习　　题

**1.** 设 $G$ 为群，$E$ 为 $kG$-双模。证明

$$HH_i(kG,E)=H_i(G,E_c)$$

其中 $E_c$ 是由 $g*e=geg^{-1}(g\in G)$ 所给出的左 $kG$-模.

2. 设 $A$ 为 $k$-代数，$E$ 为 $A$-双模. 同上题一样通过共轭把 $\mathrm{gl}_n(E)$ 视为 $k\mathrm{GL}_n(A)$-模. 证明

$$H_0(\mathrm{GL}_n(A),\ \mathrm{gl}_n(E))\cong E/[E,A].$$

由此推出，迹映射

$$\mathrm{Tr};\ \mathrm{gl}_n(E)\to E/[E,A]$$

可诱导出同构

$$H_0(\mathrm{GL}_n(A),\ \mathrm{gl}_n(A))\to H_0(\mathrm{GL}_n(A),A/[A,A]).$$

3. 设 $E_{ij}(x)\in\mathrm{gl}_n(E)$ 为矩阵，其 $i$ 行 $j$ 列元素为 $x$，而其它元素都为零. 令 $e_{ij}(x)=I+E_{ij}(x)$. 证明下列关系式（其中 $e*E=eEe^{-1}$）：

$$e_{ij}(a)*E_{kl}(x)=E_{kl}(x),k\neq j,l\neq i,$$

$$e_{ij}(a)E_{jl}(x)=E_{jl}(x)+E_{il}(ax),l\neq i,$$

$$e_{ij}(a)*E_{ki}(x)=E_{ki}(x)-E_{kj}(xa),k\neq j,$$

$$e_{ij}(a)*E_{ji}(x)=E_{ji}(x)+E_{ii}(ax)-E_{jj}(xa)$$

$$-E_{ij}(axa).$$

令 $\mathrm{gl}_n^1(E)$ 为映射 $\mathrm{Tr}:\mathrm{gl}_n(E)\to E/[E,A]$ 的核. 证明当 $n>3$ 时，$H_0(\mathrm{GL}_n(A),\ \mathrm{gl}_n^1(E))=0$. 其中 $\mathrm{GL}_n(A)$ 在 $\mathrm{gl}_n^1(E)$ 上的作用为共轭作用.

4. 证明当 $n$ 为偶数时，$HC_n(k)=k$，当 $n$ 为奇数时，$HC_n(k)=0$.

5. 设 $A$ 为增广的 $k$-代数，$\bar{A}=\mathrm{Ker}(\varepsilon)$. 定义 $A$ 的规范化 Hochschild 复形 $Z_*^N(A)$ 为

$$Z_n^N(A)=A\oplus\bar{A}^{(n)}.$$

证明 $Z_*^N(A)$ 与 $Z_*(A)$ 具有相同的同调群. $HH_n(k)$ 是什么?

6. 设 $A=k[X]$ 为一个变元的多项式代数 $\varepsilon$: $A\to k$, $\varepsilon(f$

$(X)) = f(0)$ 给出了 $A$ 的一个增广。适当选取 $k$ 的 $A$-自由分解，证明

$$H_n(A, k) = \begin{cases} k, & n = 0, 1, \\ 0, & n > 1. \end{cases}$$

设 $B = k[X]/\langle X^2 \rangle$ 为外代数（$\langle X^2 \rangle$ 表示 $X^2$ 生成的理想）。证明对任意 $i \geqslant 0$，都有 $H_i(B; k) = k$。

7. 设 $\mathscr{D}$ 为以多项式为系数的单变元微分算子构成的代数：

$$\mathscr{D} = \{\sum_{i=0}^{r} P_i(X) D^i \mid P_i \in k[X]\}.$$

其中乘积为算子的复合。证明 $\mathscr{D}$ 由 $D$ 与 $X$（二乘以 $X$）生成，且 $XD - DX = 1$。设 $Q \subset k$。证明 $HH_i(\mathscr{D}) = 0$，$i \neq 2$；$HH_2(\mathscr{D}) = k$。$HH_*(\mathscr{D} \otimes \cdots \otimes \mathscr{D})$ 是什么？

8. 证明(4.13)中的关系式。其中同构为

$$\varphi: V \otimes_\Lambda V^* \to \Gamma, \quad \varphi(v \otimes w^*)(x) = v w^*(x),$$

$$\psi: V^* \otimes_\Gamma V \to \Lambda, \quad \psi(w^* \otimes v) = w^*(v).$$

9. 定义循环集的 $k$ 维单形如下：令 $\Lambda^k = S^1 \times \Delta^k$，其结构映射为（参考(2.1)）：

$$\delta^i = id \times \delta^i : \Lambda^{k-1} \to \Lambda^k, \quad i = 1, \cdots, k,$$

$$\sigma^i = id \times \sigma^i : \Lambda^k \to \Lambda^{k-1}, \quad i = 0, \cdots, k-1,$$

$$\tau^k : \Lambda^k \to \Lambda^k,$$

$$\tau^k(z, u_0, \cdots, u_k) = (z e^{-2\pi i u_0}, u_1, \cdots, u_k, u_0).$$

给定循环集 $Z.$，定义其实现为

$$|||Z.||| = (\coprod_{k \geq 0} \Lambda^k \times Z_k)/\sim.$$

这里的等价关系由下列关系生成：

$$(\delta^i \theta, x) \sim (\theta, \partial_i x),$$

$$(\sigma^i \theta, x) \sim (\theta, s_i x),$$

$$(\tau^k \theta, x) \sim (\theta, \tau_k x).$$

证明 $S^1$ 在 $\Lambda^k$ 上的自然作用诱导出它在 $|||Z.|||$ 上的一个作用。可以证明 $\|Z.\| = |||Z.|||$，其中 $\|Z.\|$ 的定义见 §2 习题 1。

10. 设$G$为有单位元的结合的拓扑半群。 定义循环集(空间)$Z.(G)$ 为

$$Z_n(G) = G^{n+1},$$

$$d_i(g_0, \cdots, g_n) = (g_0, \cdots, g_{i-1}, g_i g_{i+1}, \cdots, g_n),$$

$$d_n(g_0, \cdots, g_n) = (g_n g_0, g_1, \cdots, g_{n-1}),$$

$$s_i(g_0, \cdots, g_n) = (g_0, \cdots, g_i, 1, g_{i+1}, \cdots, g_n),$$

$$\tau_n(g_0, \cdots, g_n) = (g_n, g_0, \cdots, g_{n-1}).$$

证明 $|||Z.(G)||| = \mathrm{Maps}(S^1, BG)$, 即 $BG$ 的闭路空间(参考§2习题 2).

# 5. 向量丛与主丛

一个丛是指一个拓扑空间的四元组 $(E, p, B, F)$，其中，$E$、$B$，$F$ 是拓扑空间，$p: E \to B$ 为映射，且满足局部平凡化条件：对每个 $x \in B$，存在邻域 $U_x$ 及同胚

(5.1) $\qquad h: U_x \times F \to p^{-1}(U_x)$，使得 $\mathrm{proj}_1 \circ h = p$。

我们称 $E$ 为全空间，$B$ 为底空间，$F$ 为纤维．通常记为 $F \to E \xrightarrow{p} B$。

**例 5.2.** 设 $CP^1$ 为复射影直线，其元素为 $\mathbf{C}^2$ 中过 $(0,0)$ 点的复直线．过 $(z_1, z_2)$ 的直线记为 $[z_1, z_2]$．这样对 $\lambda \in \mathbf{C} - \{0\}$，有 $[z_1, z_2] = [\lambda z_1, \lambda z_2]$．特别地，若 $z_1 \neq 0$，取 $z = z_2/z_1$，有 $[z_1, z_2] = [1, z]$．因此，$CP^1 = \mathbf{C} \cup \{[0,1]\} = S^2$。

存在一个丛 $(S^3, p, S^2, S^1)$，其中 $S^3 \subset \mathbf{C}^2$ 为单位球面，$p(z_1, z_2) = [z_1, z_2]$．读者可以验证它满足(5.1)．事实上

$$S^2 = U_{[0,1]} \cup U_{[1,0]},$$

$$U_{[1,0]} = \{[z_1, z_2] \mid z_1 \neq 0\} \cong \mathbf{C},$$

$$U_{[0,1]} = \{[z_1, z_2] \mid z_2 \neq 0\} \cong \mathbf{C}.$$

映射 $h: \mathbf{C} \times S^1 \to p^{-1}(U_{[1,0]})$ 定义为

$$h(u, \theta) = (\theta, \theta u) / |(\theta, \theta u)|, \quad u \in \mathbf{C}$$

类似可定义映射 $\mathbf{C} \times S^1 \to p^{-1}(U_{[0,1]})$．我们也可以在实射影直线 $\mathbf{R}P^1 = S^1$ 及四元数射影直线 $\mathbf{H}P^1 = S^4$ 上定义类似的丛：

$$S^0 \to S^1 \xrightarrow{p} S^1,$$

$$S^1 \to S^3 \xrightarrow{p} S^2,$$

$$S^3 \to S^7 \xrightarrow{p} S^4.$$

这些丛称为 Hopf 纤维丛。

若 $F$ 及每个纤维 $p^{-1}(x)$ 都是向量空间，且映射 $h$ 在每个纤维上都是线性同胚，则这个丛称为向量丛．向量丛通常用一个字母 $\xi=(E,p,B,V)$ 表示．$F$ 的维数称为 $\xi$ 的维数，记为 $\dim\xi$．纤维 $p^{-1}(x)$ 有时记为 $\xi_x$．基域取 $\mathbf{R}$，$\mathbf{C}$ 或 $\mathbf{H}$，向量丛分别叫做实向量丛，复向量丛和四元数向量丛．

如果 $E$，$B$，$F$ 都是光滑流形，$p$ 为光滑映射，且(5.1)中的同胚 $h$ 是微分同胚，则这个丛称为**光滑丛**．

向量丛 $\xi$ 的一个截面是指一连续映射

$$s:\ B\to E,$$

满足条件 $p\circ s=\mathrm{id}$．用 $\Gamma(\xi)$ 表示 $\xi$ 的截面全体．显然，$\Gamma(\xi)$ 是连续实值函数环 $C^0(B)$ 上的模．对光滑向量丛 $\xi$，用 $\Gamma^\infty(\xi)$ 或 $\Omega^0(\xi)$ 表示其光滑截面全体．它是 $C^\infty(B)=\Omega^0(B)$ 上的模．

向量丛的最重要的例子是光滑流形 $M$ 的切丛，记为 $TM$．它在点 $x\in M$ 处的纤维 $T_bM$ 是 $b$ 点的切向量全体构成的向量空间．切丛是光滑向量丛．

两个丛 $(E,p,B,F)$ 和 $(E',p',B',F')$ 等价是指存在同胚 $h$ 和 $\hat{h}$，(当丛光滑时，要求它们是微分同胚)，使得下图交换：

$$\begin{array}{ccc} E & \xrightarrow{\hat{h}} & E' \\ \downarrow{\scriptstyle p} & & \downarrow{\scriptstyle p'} \\ B & \xrightarrow{h} & B' \end{array}$$

对向量丛；进一步要求 $\hat{h}$ 在每个纤维上都是线性同构．若一个丛等价于乘积丛 $(B\times F,\mathrm{proj}_1,B,F)$，则称它为平凡丛．

给定同一底空间 $B$ 上的两个丛 $\xi$ 和 $\eta$，可构造它们的直和 $\xi\oplus\eta$．其全空间由 $\xi$ 与 $\eta$ 的全空间在每个纤维上作直和而得：

(5.3) $\quad E(\xi\oplus\eta)=\{(u,v)\in E(\xi)\times E(\eta)\mid p_\xi(u)=p_\eta(v)\}.$

这时我们有

$$\Gamma(\xi\oplus\eta)=\Gamma(\xi)\oplus\Gamma(\eta).$$

给定丛 $(E',p',B',F')$ 和映射 $f:B\to B'$，可构造 $B$ 上的

**拉回丛** (pull-back bundle) $f^*(E',p',B',F')=(E,p,B,F)$，如下：

$$E=f^*(E')=\{(e',b)\in E'\times B\mid p'(e')=f(b)\},$$
$$p(e',b)=b,$$

其纤维 $F=F'$. 若 $B\subset B'$，则用记号 $(E',p',B',F')|_B$ 来代替 $i^*(E',p',B',F')$.

**命题 5.4.** 紧空间上任何(光滑)向量丛 $\xi$ 都存在补丛 $\eta$，使 $\xi\oplus\eta$ 为平凡丛.

证. 由于底空间 $B$ 是紧的，所以存在 $B$ 的有限覆盖 $\{U_i\}_{i=1}^m$，使得 $\xi|_{U_i}$ 为平凡丛. 设 $\hat{h}_i:\xi|_{U_i}\to U_i\times\mathbf{R}^n$ 为等价映射.

取 $\{\varphi_i\}$ 为这个覆盖的(光滑)单位分解. 也就是说，取 $\varphi_i:B\to[0,1]$，使得

$$\text{closure}\{x\in B\mid\varphi_i(x)\neq0\}\subseteq U_i$$
$$\sum_{i=1}^m\varphi_i(x)=1,\forall x\in B.$$

定义包含映射

$$H:E(\xi)\to B\times\mathbf{R}^{nm},$$

$$H(u)=\left(p(u),\sum_{i=1}^m{}^{\oplus}\varphi_i(pu)\cdot\text{proj}_2(\hat{h}_i(u))\right).$$

它把每个纤维映到纤维，在每个纤维上是包含映射. 因此它把 $\xi$ 嵌入到 $B\times\mathbf{R}^{nm}$ 中，使它成为 $B\times\mathbf{R}^{nm}$ 的一个子丛. 给 $\mathbf{R}^{nm}$ 赋予通常的内积，定义

$$E(\eta)=\{(b,v)\mid v\perp H(p^{-1}(b))\}.$$

容易看出，$\eta$ 是一个向量丛，并且 $\xi\oplus\eta=B\times\mathbf{R}^{nm}$. 如果 $\xi$ 是光滑丛，则 $\varphi_i$ 可取为光滑函数. 这时 $\eta$ 也是光滑丛. ∎

**推论 5.5.** 若 $\xi$ 为向量丛，则 $\Gamma(\xi)$ 是 $C^0(B)$ 上的投射模. 在 $\xi$ 光滑时，$\Omega^0(\xi)$ 是 $C^\infty(B)$ 上的投射模.

证. 对平凡丛 $\zeta$，$\Gamma(\zeta)$ 是秩为 $\dim\zeta$ 的 $C^0(B)$ 自由模. 由于自由模的直和因子是投射模，由(5.4)，即得(5.5). ∎

向量丛的截面推广了(底空间上)向量值函数这一概念. 给定

向量丛 $\xi$，我们可以构造一个与 $\xi$ 相对应的所谓的**主丛** $P(\xi)$。它使我们能够把 $\Gamma(\xi)$ 等同于 $P(\xi)$ 上某些函数构成的集合．在作这一构造之前，我们先回顾一下群作用的几个一般性概念．

设 $G$ 为李群．就是说，$G$ 即是群又是光滑流形，并且群运算是光滑映射．$GL_n(R)$ 的闭子群（即作为拓扑空间是闭子空间的子群）都是李群．例如，$n$ 阶正交矩阵、酉矩阵、辛矩阵全体都构成李群，分别称为正交群，酉群和辛群，记为 $O_n$，$U_n$ 和 $Sp_n$：

$$O_n\subset GL_n(R),\ U_n\subset GL_n(C),\ Sp_n\subset GL_n(H).$$

群 $G$ 在 $X$ 上的(右)作用是指一个对 $(X,\mu)$，其中 $X$ 为拓扑空间，$\mu: X\times G\to G$ 为映射，使得

$$\mu(x,1)=x,\ \mu(x,g_1g_2)=\mu(\mu(x,g_1),g_2)$$

对任意 $x\in X$ 及 $g_1,g_2\in G$ 都成立．为方便起见，记 $\mu(x,g)=x\cdot g$。

类似地，也可定义左作用．若 $\mu$ 为右作用，则 $\bar{\mu}(g,y)=\mu(y,g^{-1})$ 就定义了一个左作用．群作用之间的一个 $G$-映射 $\varphi: X\to Y$ 是指 $\varphi$ 为连续映射，并且对任意 $x\in X$，$g\in G$，都有 $\varphi(x,g)=\varphi(x)\cdot g$。

有几种特殊的群作用：**光滑群作用**是指 $X$ 为光滑流形，且 $\mu$ 为光滑映射．**线性群作用**是指 $X$ 为向量空间，且 $\mu(-,g)$：$X\to X$ 对每个 $g\in G$ 都是线性映射．线性群作用也称为群的表示．

以下是与群作用有关的几个通用的概念：

(i) $x$ 点的迷向子群：$G_x=\{g\in G: x\cdot g=x\}$，

(ii) $x$ 的轨道：$x\cdot G=\{x\cdot g\,|\,g\in G\}$，

(iii) 轨道空间：$X/G$ 是把每个轨道粘成一点得到的商空间，

(iv) 自由作用：$G_x=\{1\}$，$\forall x\in X$，

(v) 不动点集：$X^G=\{x\in X\,|\,x\cdot g=x,\forall g\in G\}$，

(vi) 传递作用：$X/G=\{*\}$，为单点集，

(vii) 有效作用：$\bigcap_{x\in X}G_x=\{1\}$。

点 $x$ 与 $x\cdot g$ 的两个迷向子群是共轭的：$G_{x\cdot g}=g^{-1}G_xg$。若 $\mu$ 为传递作用，则它诱导一个双射 $\mu: G/G_x\to X(\mu(G_x\cdot g)=x\cdot g)$。

**定义 5.6.** 一个主 $G$-丛是指一个群作用 $(P,\mu)$，使得投射 $\pi: P\to P/G$ 在下面的意义下是平凡的：对每点 $x\in P/G$，都有一邻域 $U_x$ 及 $G$-同胚 $\pi^{-1}(U_x)\to U_x\times G$。

向量丛总存在截面．例如把每点对应到该点纤维的零向量，就是一个截面，它叫做零截面．主丛一般不存在截面．实际上，若 $s: P/G\to P$ 为一截面，则存在 $G$-映射

$$\hat{s}: P/G\times P\to P,\quad \hat{s}(b,g)=s(b)\cdot g.$$

$\hat{s}$ 是连续的双射，因而在一定的紧性条件下就是 $G$-同胚。

给定主 $G$-丛 $P\xrightarrow{\pi}B$ 及 $G$ 的表示 $V$（即 $V$ 为向量空间，且 $G$ 在 $V$ 上有左线性作用），我们可以构造 $B$ 上的向量丛

$$V\to P\times_G V\xrightarrow{\pi}B, \tag{5.7}$$

它称为 $P$ 的配丛．其中 $P\times_G V=P\times V/G$，$G$ 在 $P\times V$ 上的作用为

$$(p,v)\cdot g=(p\cdot g,g^{-1}\cdot v).$$

反之，给定向量丛之后，我们也可以构造一个主丛，它称为这个向量丛的主丛：设 $\xi=(E,p,B,\mathbf{R}^n)$ 为向量丛．令

$$P(\xi)=\{(b,e)\mid b\in B,e:\mathbf{R}^n\to\pi^{-1}(b)\ \text{为同构}\}. \tag{5.8}$$

$\mathrm{GL}_n(\mathbf{R})$ 在 $P(\xi)$ 上的作用为

$$(b,e)\cdot A=(b,e\circ A),A\in\mathrm{GL}_n(\mathbf{R}).$$

在第一个因子上的投射使 $P(\xi)/\mathrm{GL}_n(\mathbf{R})$ 等同于 $B$，所以 $(P(\xi),\mathrm{proj}_1,B,\mathrm{GL}_n(\mathbf{R}))$ 是 $B$ 上的主 $\mathrm{GL}_n(\mathbf{R})$-丛．显然，当把 $\mathbf{R}^n$ 看成 $\mathrm{GL}_n(\mathbf{R})$ 的表示时，有

$$\xi=P(\xi)\times_{\mathrm{GL}_n(\mathbf{R})}\mathbf{R}^n.$$

这样我们就证明了

**定理 5.9.** 在 $n$ 维实向量丛的等价类与主 $\mathrm{GL}_n(\mathbf{R})$ 丛的等价类之间存在一一对应。

类似的结论对复丛与四元数丛也成立.

若 $V$ 与 $W$ 都是 $G$ 的表示空间，则我们可按下述方式得到一些新的表示:

(i) $V\oplus W$, $g\cdot(v,w)=(g\cdot v,g\cdot w)$,

(ii) $V\otimes W$ $g\cdot(v\otimes w)=gv\otimes gw$, $(\otimes=\otimes_{\mathbf{R}})$

(iii) $\wedge^i V$, $g\cdot(v_1\wedge\cdots\wedge v_i)=g\cdot v_1\wedge\cdots\wedge g\cdot v_i$,

(iv) $\mathrm{Hom}(V,W)$, $(g,\varphi)(v)=g\cdot\varphi(g^{-1}\cdot v)$,

(v) $V^*$, $(g,\varphi)(v)=\varphi(g^{-1}\cdot v)$.

其中，(v) 是 (iv) 在 $W=\mathbf{R}$ 时的特殊情形,群在 $\mathbf{R}$ 上的作用为平凡作用.

根据(5.9)，我们可以对向量丛作类似的构造. 事实上，若

$$\xi=P\times_G V,\quad \eta=P\times_G W,$$

则令

$$(5.10)\qquad \begin{aligned}&\text{(i)}\ \xi\oplus\eta=P\times_G(V\oplus W),\\&\text{(ii)}\ \xi\otimes\eta=P\times_G(V\otimes W),\\&\text{(iii)}\ \wedge^i\xi=P\times_G\wedge^i(V),\\&\text{(iv)}\ \mathrm{Hom}(\xi,\eta)=P\times_G\mathrm{Hom}(V,W),\\&\text{(v)}\ \xi^*=P\times_G V^*.\end{aligned}$$

以上构造可以用来重新定义 § 3 中的 $k$ 阶微分形式. 我们有

$$(5.11)\qquad \Omega^k(M)=\Gamma^\infty(\wedge^k(T^*M)),\ \mathscr{X}(M)=\Gamma^\infty(TM),$$

其中 $TM$ 为 $M$ 的切丛，$T^*M$ 为其对偶丛,即余切丛.

给定向量丛 $\xi=P(\xi)\times_G\mathbf{R}^n$ $(G=\mathrm{GL}_n(\mathbf{R}))$,可将其截面空间与 $G$-映射构成的空间 $\mathrm{Map}_G^\infty(P(\xi),\mathbf{R}^n)$ 作一比较. $G$ 映射是指映射 $\varphi:P\to\mathbf{R}^n$,满足

$$\varphi(p\cdot g)=g^{-1}\cdot\varphi(p)$$

(这里出现 $g^{-1}$ 是为了把 $\mathbf{R}^n$ 变成右 $G$-空间).

**命题 5.12.** $\Gamma^\infty(\xi)=\mathrm{Map}_G^\infty(P(\xi),\mathbf{R}^n)$.

证. 给定 $s\in\Gamma^\infty(\xi)$，定义 $\hat{s}:P(\xi)\to\mathbf{R}^n$ 为 $\hat{s}(b,e)=e^{-1}(s(b))$. 反之，可把 $G$-映射 $\varphi:P(\xi)\to\mathbf{R}^n$，对应到一个截面

$s\in\Gamma^\infty(\xi)$: $s(b)=e(\varphi(b,e))$. 由于 $\varphi$ 是 $G$-映射，这个定义与 $e$ 的选取无关.

我们回到引理 3.15 中的"张量性质". 在 [S] 中 R. Swan 证明了紧空间 $B$ 上向量从范畴与有限生成 $C^0(B)$ 投射模范畴是等价的. 同样的推理对光滑情形也成立(把"向量从"换成"光滑向量从", 把 $C^0(B)$ 换成 $C^\infty(B)$). 等价关系是由"截面函子" $\xi\to\Gamma(\xi)$ 给出的(在光滑情形, $\xi\to\Omega^0(\xi)=\Gamma^\infty(\xi)$). Swan 定理的关键部分是

**定理 5.13.** 对 $B$ 上光滑向量从 $\xi$ 与 $\eta$，存在同构

$$\Omega^0\colon \mathrm{HOM}(\xi,\eta)\xrightarrow{\cong}\mathrm{Hom}_{\Omega^0(B)}(\Omega^0(\xi),\Omega^0(\eta)).$$

其中, $\mathrm{HOM}(\xi,\eta)$ 是由全体从 $\xi$ 到 $\eta$ 的从映射构成的向量空间. 类似定理对紧空间上连续向量从也成立.

证. 我们概述一下证明的主要步骤，把细节留给读者.

(1) 对每个开集 $U\subseteq B$, $x\in U$ 及 $s\in\Omega^0(\xi|_U)$, 存在截面 $s'\in\Omega^0(\xi)$, 使得在 $x$ 的某邻域中 $s'=s$ (令 $s'(y)=\varphi(y)\cdot s(y)$, 其中 $\varphi$ 为一函数，在 $x$ 的某邻域中为 1, 在 $U$ 之外为零).

(2) 给定 $x\in B$, 存在截面 $s_1,\cdots,s_n\in\Omega^0(\xi)$, 使得对 $x$ 的某邻域中的任意点 $y$, $s_1(y),\cdots,s_n(y)$ 都构成 $\xi_y$ 的一组基 ($\xi_y$ 为 $y$ 点的纤维).

(3) 若 $f,g\in\mathrm{HOM}(\xi,\eta)$, 则 $\Omega^0(f)=\Omega^0(g)$ 当且仅当 $f=g$.

(4) 设 $s\in\Omega^0(\xi)$ 在点 $x$ 为零. 则存在截面 $s_1,\cdots,s_k\in\Omega^0(\xi)$ 及函数 $a_1,\cdots,a_k\in\Omega^0(B)$, 使得 $s=\Sigma a_is_i$, 并且对所有 $i$, 都有 $a_i(x)=0$ (先取 $s_1,\cdots,s_n\in\Omega^0(\xi)$ 使满足(2). 适当选取 $a_1,\cdots,a_n$. 令 $s'=s-\Sigma a_is_i$. 取 $a\in\Omega^0(B)$ 使之在 $x$ 的某邻域外为 1, 在点 $x$ 为零. 此时 $s=as'+\Sigma a_is_i$).

(5) 取 $\Omega^0_x(B)\subseteq\Omega^0(B)$ 为在 $x$ 点取零值的函数全体. 则 $\Omega^0(\xi)/\Omega^0_x(B)\Omega^0(\xi)\cong\xi_x$ ($\xi_x$ 为 $\xi$ 在 $x$ 点的纤维).

(6) 用以上结果完成定理的证明.

由 (5.4) 可知，$\Omega^0(\xi)$ 总是一个 $\Omega^0(B)$ 投射模. 事实上，$\Omega^0(\xi\oplus\eta)=\Omega^0(\xi)\oplus\Omega^0(\eta)$. 而对于 $n$ 维平凡从 $\varepsilon^n$，有 $\Omega^0(\varepsilon^n)=\sum^{n\oplus}\Omega^0(B)$.

截面函子也保持(5.10)中其它构造. 也就是说，我们有下面的同构:

$$
\begin{aligned}
&\Omega^0(\xi\oplus\eta)\cong\Omega^0(\xi)\oplus\Omega^0(\eta),\\
&\Omega^0(\xi\otimes\eta)\cong\Omega^0(\xi)\otimes_{\Omega^0(B)}\Omega^0(\eta),\\
(5.14)\quad &\Omega^0(\wedge^i\xi)\cong\wedge^i_{\Omega^0(B)}\Omega^0(\xi),\\
&\Omega^0(\mathrm{Hom}(\xi,\eta))\cong\mathrm{Hom}_{\Omega_0(B)}(\Omega_0(\xi),\Omega_0(\eta)),\\
&\Omega^0(\xi^*)\cong\mathrm{Hom}_{\Omega_0(B)}(\Omega^0(\xi),\Omega^0(B)).
\end{aligned}
$$

## 习　　题

1. 向量从 $\xi$ 上的一个度量是指一连续函数

$$\langle,\rangle:E(\xi\oplus\xi)\to\mathrm{R},$$

使得对每个纤维 $\xi_x$，$\langle,\rangle$ 在 $\xi_x\times\xi_x$ 上的限制都是 $\xi_x$ 的内积.

证明紧空间上任意向量从都有内积.

证明任意实线从 $\eta$ 与其自身的张量积 $\eta\otimes\eta$ 都是平凡的.

2. 设 $H\subset GL_n(\mathrm{R})$ 为闭子群. 若 $n$ 维向量从 $\xi$ 具有 $P\times_H V$ 的形状，则 $\xi$ 称为 $H$ 约化的，或称 $\xi$ 可约化到 $H$. 证明每个向量从都可约化到正交群. 对复从与四元数从如何?

3. 设 $p:\xi\to\xi$ 是从映射，它在底空间上诱导的映射是恒等映射，并且 $p\circ p=p$. 证明 $\mathrm{Ker}(p)$ 与 $\mathrm{Ker}(1-p)=\mathrm{Im}p$ 都是 $\xi$ 的子从. 证明 $\Omega^0(B)$ 上任意有限生成投射模都具有 $\Omega^0(\xi)$ 的形式. 其中 $\xi$ 为 $B$ 上某一向量从.

4. 证明(5.14)的结果.

5. 证明 $\wedge:\wedge^i(V)\otimes\wedge^j(W)\to\wedge^{i+j}(V\oplus W)$ 诱导一个同构

$$\sum_{i+j=n}^{\oplus}\wedge^i(V)\otimes\wedge^j(W)\to\wedge^n(V\oplus W)$$

(逆映射的构造方法可参考§2习题4中映射$B$的定义). 对向量丛证明同样的结果.

6. 如果 $\Lambda^n\xi$ 是平凡丛,则$n$维向量丛$\xi$称为是可定向的.证明复丛的承载实丛(即把复结构"忘掉"而看成实丛)是可定向的. 对给定度量和定向的实丛定义$*$算子(参考§3习题1).

## 6. 向量丛的分类

给定紧空间$B$上的$n$维向量丛$\xi$，可找到它的一个逆丛$\eta$以及同构$\xi\oplus\eta\cong B\times\mathbf{R}^N$. 这样，$\xi$的每个纤维可以看成$\mathbf{R}^N$的一个$n$维子空间，从而给出了从$B$到 Grassmann 流形$G_n(\mathbf{R}^N)$上的一个映射. 在讨论丛的分类之前，我们先讨论$G_n(\mathbf{R}^N)$及其相应的 Stiefel 流形$V_n(\mathbf{R}^N)$.

$\mathbf{R}^{n+k}$中线性无关的向量$(e_1, \cdots, e_n)$构成的一个有序集叫做一个$n$-**标架**. 它等价于一个线性单射$\mathbf{R}^n\to\mathbf{R}^{n+k}$. 全体$n$-标架的集合构成$\mathbf{R}^{n+k}\times\cdots\times\mathbf{R}^{n+k}$（$n$个因子）的开子集，记为$V_n(\mathbf{R}^{n+k})$. 矩阵乘法给出了$GL_n(\mathbf{R})$在它上面的作用. 定义映射

$$q: V_n(\mathbf{R}^{n+k})\to G_n(\mathbf{R}^{n+k}),$$

它把$(e_1,\cdots,e_n)$对应到$\mathbf{R}^{n+k}$中由$e_1, \cdots, e_n$张成的子空间. $G_n(\mathbf{R}^{n+k})$的拓扑定义为$q$诱导的商拓扑.

**定理 6.1.** (i) $G_n(\mathbf{R}^{n+k})$是$nk$维光滑紧流形，

(ii) $(V_n(\mathbf{R}^{n+k}),q,G_n(\mathbf{R}^{n+k}))$是$GL_n(\mathbf{R})$主丛.

证. 任意$X\in G_n(\mathbf{R}^{n+k})$都有一邻域同胚于$\mathbf{R}^{nk}$. 事实上，设$X^\perp$为垂直于$X$的$k$维子空间. 考虑$X^\perp$的补空间全体构成的集合

$$U=\{Y\in G_n(R^{n+k})\mid Y\cap X^\perp=0\}.$$

给定$Y\in U$，则存在一个线性映射

$$T_X(Y): X\to X^\perp,$$

使得$Y$为$T_X(Y)$的图 (graph). 反之亦然. 因此，$T_X$给出了一个一一对应:

$$T_X: U\to \mathrm{Hom}(X,X^\perp)=\mathrm{Hom}(\mathbf{R}^n,\mathbf{R}^k)\cong\mathbf{R}^{nk}.$$

可以验证，$T_X$是同胚，并且转移函数$T_{X_1}\circ T_X^{-1}$是光滑的.

由 Gram-Schmidt 正交化过程可得到一连续映射

$$\gamma: V_n(\mathbf{R}^{n+k}) \to V_n^0(\mathbf{R}^{n+k}),$$

其中 $V_n^0(\mathbf{R}^{n+k})$ 是全体正交 $n$-标架构成的空间. 它是欧氏空间中有界闭集，因此是紧的. 由 $q(V_n^0(\mathbf{R}^{n+k})) = G_n(\mathbf{R}^{n+k})$, 可知 Grassmann 流形是紧的. 我们留给读者证明 $G_n(\mathbf{R}^{n+k})$ 是 Hausdorff 空间. (ii) 的证明也留给读者. ▌

$G_n(\mathbf{R}^{n+k})$ 上这个 $GL_n(\mathbf{R})$-主丛所对应的向量丛(即其配丛)称为**分类丛**或**万有丛**,记为 $\gamma_n(\mathbf{R}^{n+k})$. 它的全空间是

$$E(\gamma_n(\mathbf{R}^{n+k})) = V_n(\mathbf{R}^{n+k}) \times_{GL_n(\mathbf{R})} \mathbf{R}^n. \tag{6.2}$$

在 $H \in G_n(\mathbf{R}^{n+k})$ 处的纤维等于$H$本身.

以上我们讨论的是实域上的 Grassmann 流形. 在复数域与四元数体上有类似的构造: 与前面 $GL_n(\mathbf{R})$ 主丛相对应的是下面的 $GL_n(\mathbf{C})$ 主丛和 $GL_n(\mathbf{H})$ 主丛:

$$(V_n(\mathbf{C}^{n+k}), q, G_n(\mathbf{C}^{n+k}), GL_n(\mathbf{C})),$$

$$(V_n(\mathbf{H}^{n+k}), q, G_n(\mathbf{H}^{n+k}), GL_n(\mathbf{H})).$$

由它们可得到复分类丛与四元数分类丛. 它们的全空间分别是

$$E(\gamma_n(\mathbf{C}^{n+k})) = V_n(\mathbf{C}^{n+k}) \times_{GL_n(\mathbf{C})} \mathbf{C}^n,$$

$$E(\gamma_n(\mathbf{H}^{n+k})) = V_n(\mathbf{H}^{n+k}) \times_{GL_n(\mathbf{H})} \mathbf{H}^n.$$

在 $n=1$ 的特殊情形，有

$$\begin{aligned} V_1(\mathbf{R}^{n+1}) &= \mathbf{R}^{n+1} - \{0\}, \\ V_1(\mathbf{C}^{n+1}) &= \mathbf{C}^{n+1} - \{0\}, \\ V_1(\mathbf{H}^{n+1}) &= \mathbf{H}^{n+1} - \{0\}. \end{aligned} \tag{6.3}$$

它们对应的 Grassmann 流形是 $n$ 维射影空间:

$RP^n$ (实射影空间),

$CP^n$ (复射影空间),

$HP^n$ (四元数射影空间).

其实维数分别为 $n$, $2n$ 和 $4n$.

我们希望把 (6.1) 扩充到 $k=\infty$ 的情形，即希望构造 $G_n(\mathbf{R}^\infty)$.

取 $\mathbf{R}^\infty$ 为一向量空间,它的元素是无穷序列 $x=(x_1, x_2, \cdots)$,

其中除了有限个项之外,所有的 $x_i$ 都为零($x_i$ 为实数). 有一包含映射 $\mathbf{R}^l \to \mathbf{R}^\infty$, 它把 $(x_1,\cdots,x_l)$ 映为 $(x_1,\cdots,x_l,0,0,\cdots)$. 这样, $\mathbf{R}^\infty$ 就成了全体 $\mathbf{R}^l$ 的并集. 类似地, 有

$$V_n(\mathbf{R}^n)\subset V_n(\mathbf{R}^{n+1})\subset\cdots\subset V_n(\mathbf{R}^\infty),$$

$$G_n(\mathbf{R}^n)\subset G_n(\mathbf{R}^{n+1})\subset\cdots\subset G_n(\mathbf{R}^\infty).$$

并集合 $V_n(\mathbf{R}^\infty)$ 与 $G_n(\mathbf{R}^\infty)$ 的拓扑定义为弱拓扑:

$O\subset G_n(\mathbf{R}^\infty)$ 为开集 $\Leftrightarrow O\cap G_n(\mathbf{R}^N)$ 为 $G_n(\mathbf{R}^N)$ 中开集 $\forall N$,

$O\subset V_n(\mathbf{R}^\infty)$ 为开集 $\Leftrightarrow O\cap V_n(\mathbf{R}^N)$ 为 $V_n(\mathbf{R}^N)$ 中开集 $\forall N$.

$G_n(\mathbf{R}^\infty)$ 上有分类从 $\gamma_n$:

$$E(\gamma_n)=V_n(\mathbf{R}^\infty)\times_{GL_n(\mathbf{R})}\mathbf{R}^N,$$

它在 $G_n(\mathbf{R}^N)$ 上的限制即为 $\gamma_n(\mathbf{R}^N)$.

设 $\mathrm{vect}_n^{\mathbf{R}}(B)$ 为 $B$ 上 $n$ 维实向量从的同构类全体. 给定映射

$$f: B\to G_n(\mathbf{R}^\infty),$$

这就有 $B$ 上的一个诱导从 $f^*(\gamma_n)$ (见 §5):

$$E(f^*(\gamma_n))=\{(b,v)\in B\times E(\gamma_n)\mid f(b)=q(v)\}.$$

**引理 6.4.** 同伦的映射 $f_0\simeq f_1$ 诱导同构从 $f_0^*(\gamma_n)\cong f_1^*(\gamma_n)$.

证. 设 $f: B\times I\to G_n(R^\infty)$ 为一同伦. 我们只须证明同构类 $[f_t^*(\gamma_n)]$ 是 $t$ 的局部常值映射 $(f_t=f(-,t))$, 因为由此可推出 $t\longmapsto[f_t^*\gamma_n)]$ 一定是常值映射.

取 $p: B\times I\to B$ 为投射. 对固定的 $t$,考察 $B\times I$ 上两个从 $f^*(\gamma_n)$ 与 $p^*f_t^*(\gamma_n)$. 它们在 $B\times\{t\}$ 上是同构的. 这个同构给出了 $\mathrm{Hom}(f^*(\gamma_n),\ p^*f_t^*(\gamma_n))$ 在 $B\times\{t\}$ 上的一个截面. 由于 $B$ 是紧的, 这个截面可扩充到 $B\times(t-\varepsilon,t+\varepsilon)$ 上(参考(5.13)的证明), 因为 $\mathrm{Iso}(\xi,\eta)\subset\mathrm{Hom}(\xi,\eta)$ 为开集,所以对充分小的 $\varepsilon$,这个扩充是同构. 因此对充分靠近 $t$ 的 $s$, 有 $[f_s^*(\gamma_n)]=[f_t^*(\gamma_n)]$.

**注 6.5.** 在证明中我们没有用到 $G_n(\mathbf{R}^\infty)$ 的任何特性. 上面的论述说明任意两个同伦的映射诱导的从总是同构的, 不管像空

间是否为 $G_n(\mathbf{R}^\infty)$.

$B$ 上任何向量丛都可嵌入到平凡丛中: $\xi\subset B\times\mathbf{R}^N$, 从而得到一个丛映射

$$\begin{array}{ccc} E(\xi) & \xrightarrow{\hat{f}_\xi} & E(\gamma_n) \\ \downarrow & & \downarrow \\ B & \xrightarrow{f_\xi} & G_n(\mathbf{R})^N \end{array}$$

映射$(f_\xi,\hat{f}_\xi)$的选择不是唯一的. 但是如果$(g_\xi,\hat{g}_\xi)$是另一种这样的选择, 而 $i_N:G_n(\mathbf{R}^N)\to G_n(\mathbf{R}^{2N})$ 为嵌入, 则可以证明 $i_N\circ f_\xi$ 与 $i_N\circ g_\xi$ 是同伦的(参考 [$MS$, §5]). 令 $N\to\infty$, 我们就得到唯一的同伦类 $[f_\xi]$, $f_\xi:B\to G_n(\mathbf{R}^\infty)$, 它满足 $f_\xi^*(\gamma_n)\cong\xi$.

显然,如果 $\eta\cong\xi$, 则 $[f_\eta]=[f_\xi]$. 因此 $[\xi]\longmapsto[f_\xi]$ 定义了一个映射

$$\phi:\mathrm{Vect}_n^{\mathbf{R}}(B)\to[B,G_n(\mathbf{R}^\infty)].$$

它是映射 $[f]\longmapsto[f^*(\gamma_n)]$ 的逆映射. 这样我们就证明了

**定理 6.6.** 映射 $\phi$ 是一一对应. ▌

不交并集

$$\mathrm{Vect}^{\mathbf{R}}(B)=\coprod\mathrm{Vect}_n^{\mathbf{R}}(B)$$

在向量丛的直和下构成半群:

$$[\xi]+[\eta]=[\xi\oplus\eta].$$

零维丛 $\varepsilon^0=B\times\{0\}$ 为其零元素.

半群 $\mathrm{Vect}^{\mathbf{R}}(B)$ 不满足消去律: 由 $a+c=b+c$ 不能推出 $a=b$. 例如,二维球面 $S^2$ 的切丛 $TS^2$ 不是平凡丛. 但

$$TS^2\oplus\varepsilon^1\cong\varepsilon^3\cong\varepsilon^2\oplus\varepsilon^1, \tag{6.7}$$

其中 $\varepsilon^n$ 表示 $n$ 维平凡丛. 事实上, $S^2$ 在 $\mathbf{R}^3$ 中的法丛是平凡的(因为 $(x,\lambda)\longmapsto(x,\lambda x)$ 定义了从平凡丛到法丛的一个同构). 一般地,对子流形 $i:M\hookrightarrow N$,恒有

$$i^*(TN)=TM\oplus\nu(M;N),$$

其中 $\nu(M;N)$ 表示$M$在$N$中的法丛. (6.7)是上式在 $M=S^2,N=\mathbf{R}^3$ 时的特殊情形。

在 $G_n(\mathbf{R}^{n+k})$ 上有三个特殊的丛. 它们是方有丛 $\gamma_n$,其补丛 $\gamma_n^\perp$ (维数为 $k$)和切丛 $TG_n(\mathbf{R}^{n+k})$.

**命题 6.8.** $TG_n(\mathbf{R}^{n+k}) \cong \mathrm{Hom}(\gamma_n, \gamma_n^\perp)$. ∎

这个命题可由 (6.1) 的证明中对 $G_n(\mathbf{R}^{n+k})$ 的描述推出. 详细证明留给读者.

**推论 6.9.** 射影空间 $\mathbf{R}P^k$ 的切丛满足关系式

$$TRP^k \oplus \varepsilon^1 \cong (k+1)\gamma_1^* \cong (k+1)\gamma_1.$$

证. $RP^k = G_1(\mathbf{R}^{k+1})$, 而 $\gamma_1 \oplus \gamma^\perp = RP^k \times \mathbf{R}^{k+1}$. 线丛 $\mathrm{Hom}(\gamma_1, \gamma_1)$ 是平凡丛. 这是因为它有一个处处非零的截面 $x \to id_x$. 由(6.8)可知

$$\begin{aligned} TRP^k \oplus \varepsilon &= TRP^k \oplus \mathrm{Hom}(\gamma_1, \gamma_1) \\ &= \mathrm{Hom}(\gamma, \varepsilon^{k+1}) = (k+1)\gamma_1^*. \end{aligned}$$

而由 Riemann 度量映射 $\gamma_1 \oplus \gamma \to \varepsilon$ 可得同构 $\gamma_1^* \cong \gamma_1$ (参考 §5 习题 1).

半群 $\mathrm{Vect}^{\mathbf{R}}(B)$ 可完备化而得到 Abel 群 $K^{\mathbf{R}}(B)$. 它的元素是形式差 $[\xi]-[\eta]$, 等式 $[\xi_1]-[\eta_1]=[\xi]-[\eta]$ 成立当且仅当存在 $[\zeta] \in \mathrm{Vect}^{\mathbf{R}}(B)$,使得 $[\xi_1 \oplus \eta \oplus \zeta] = [\xi \oplus \eta_1 \oplus \zeta]$.

从的张量积在 $K^{\mathbf{R}}(B)$ 上定义了乘积:

$$[\xi]\cdot[\eta] = [\xi \otimes \eta].$$

它使 $K^{\mathbf{R}}(B)$ 成为一个具有单位元 $[\varepsilon^1]$ 的环. 同样,(5.10)中第 $i$ 个外幂定义了算子

$$\begin{aligned} \lambda^i: \mathrm{Vect}^{\mathbf{R}}(B) &\to K^{\mathbf{R}}(B), \\ [\xi] &\longmapsto [\Lambda^i \xi]. \end{aligned}$$

我们要把 $\lambda^i$ 扩张到 $K^{\mathbf{R}}(B)$ 上. 考虑幂级数

$$\lambda_t(\xi) = 1 + \lambda^1(\xi)t + \lambda^2(\xi)t^2 + \cdots \in K^{\mathbf{R}}(B)[[t]],$$

它具有指数性质:

(6.10) $$[\lambda_t(\xi \oplus \eta)] = [\lambda_t(\xi)] \cdot [\lambda_t(\eta)].$$

这可由公式

$$\Lambda^i(\xi\oplus\eta)=\sum_{k=0}^{i}{}^{\oplus}\Lambda^k(\xi)\otimes\Lambda^{i-k}(\eta)$$

推出(见§5 习题 5).

映射 $\lambda_t$ 定义了一个同态

$$\lambda_t:(\mathrm{Vect}^{\mathbf{R}}(B),+)\to(K^{\mathbf{R}}(B)[[t]],\cdot),$$

同态的像包含在全体可逆的幂级数构成的群中. 由 $\mathrm{Vect}^{\mathbf{R}}(B)$ 构造出来的 $K^{\mathbf{R}}(B)$ 具有一个明显的性质(所谓的泛性), 即任何从 $\mathrm{Vect}^{\mathbf{R}}(B)$ 到一个群的同态都可以唯一地扩充到 $K^{\mathbf{R}}(B)$ 上. 因此我们得到

$$\lambda_t:K^{\mathbf{R}}(B)\to K^{\mathbf{R}}(B)[[t]].$$

定义 $\lambda^i(a)$ 为 $\lambda_t(a)$ 中 $t^i$ 项的系数.

在实用上往往考虑**可加算子**较为方便. 定义

$$\psi_t(a)=\psi^0(a)-t\frac{d}{dt}(\log\lambda_{-t}(a)).$$

其中 $\psi^0(a)=\dim(a)\in\mathbf{Z}$. 算子 $d/dt$ 和 $\log$ 是在幂级数环 $K^{\mathbf{R}}(B)[[t]]$ 上形式地定义的.

显然, $\psi_t(a+b)=\psi_t(a)+\psi_t(b)$. 因此 $\psi_t(a)$ 中 $t^i$ 项的系数 $\psi^i(a)$ 是可加的, 从而定义了一个可加同态

$$\psi_i:K^{\mathbf{R}}(B)\to K^{\mathbf{R}}(B).$$

这些 $\psi^i$ 称为 Adams 运算.

以上我们主要讨论实向量丛, 是所有的定理在复向量丛情形都有相应的定理. 特别地, $G_n(\mathbf{C}^\infty)$ 是 $\mathrm{Vect}^{\mathbf{C}}_n(B)$ 的分类空间, 且按上述方式可以完全类似地定义 $K^{\mathbf{C}}(B)$, $\lambda^i$ 及 $\psi^i$. 我们甚至可以定义 $K^{\mathbf{H}}(B)$. 但在四元数情形, 我们对乘积要格外小心, 因为 $\mathbf{H}$ 是非交换的. 张量积 $\xi\otimes_{\mathbf{H}}\eta$ 不再是 $\mathbf{H}$ 丛. 所以乘积应该定义为

$$K^{\mathbf{H}}(B)\otimes K^{\mathbf{H}}(B)\to K^{\mathbf{R}}(B).$$

在文献中通常采用下面的符号

$$\mathrm{KO}(B)=K^{\mathbf{R}}(B),K(B)=K^{\mathbf{C}}(B),KS_p(B)=K^{\mathbf{H}}(B).$$

对 $K$ 群更详细的讨论可参考 [$A$]。

## 习　　题

1. 令 $i: M \to N$ 为包含映射. 证明

$$i^*TN = TM \oplus \nu(M;N),$$

其中 $\nu(M;N)$ 为 $TM$ 在 $TN$ 的某一度量下的法丛(参考§5 习题 1).

2. 证明命题 6.8.

3. 证明自然映射 $c: \mathrm{Vect}^{\mathbf{R}}(B) \to K^{\mathbf{R}}(B)$ 满足下面的泛性对任意给定的群 $A$ 及同态 $f: \mathrm{Vect}^{\mathbf{R}}(B) \to A$, 存在唯一的群同态 $\hat{f}: K^{\mathbf{R}}(B) \to A$, 使得 $\hat{f} \circ c = f$.

4. 证明对 $\xi \in \mathrm{Vect}_1(B)$, 有 $\psi^k([\xi]) = [\xi^{\otimes k}]$.

5. 设 $B$ 为可缩空间. 证明 $\mathrm{Vect}^{\mathbf{R}}(B) = \mathbf{Z}_+$

6. 用定理 6.6 证明: 光滑流形上任何向量丛的同构类都含有光滑向量丛.

7. 正交群 $G = O(n+k) \subset G_{n+k}(\mathbf{R})$ 可作用在正交 $n$-标架全体构成的 Stiefel 流形 $V_n^0(\mathbf{R}^{n+k})$ 上:

$$\Phi(g, (\mathrm{e}_1, \cdots, \mathrm{e}_n)) = (g\mathrm{e}_1, \cdots, g\mathrm{e}_n).$$

证明这是个传递作用. 证明迷向子群 $G_{(\mathrm{e}_1, \cdots, \mathrm{e}_n)} = O(k)$. 由此推出 $V_n^0(\mathbf{R}^{n+k}) \cong O(n+k)/O(k)$.

8. 证明 $O(n+k)$ 在 $G_n(\mathbf{R}^{n+k})$ 上的作用是传递的. 证明在 $\mathbf{R}^n \subset \mathbf{R}^{n+k}$ (视 $\mathbf{R}^n$ 为 $G_n(\mathbf{R}^{n+k})$ 中的点)的迷向子群为

$$O(n) \times O(k) = \left\{ \begin{pmatrix} A & O \\ O & B \end{pmatrix} \middle| A \in O(n),\ B \in O(k) \right\}.$$

由此推出

$$G_n(R^{n+k}) \cong O(n+k)/O(n) \times O(k).$$

## 7. 谱 序 列

谱序列是计算同调群的一种重要工具．其基础是下面要介绍的代数构造．

我们在一个固定的基环 $\mathscr{k}$ 上进行．

链复形 $C_*$ 的**滤子结构** (filtration) 是指一族并集为 $C_*$ 的子链复形 $F_pC_*$，满足关系

$$\cdots \subset F_{p-1}C_* \subset F_pC_* \subset F_{p+1}C_* \subset \cdots, \quad p \in \mathbf{Z}.$$

给定 $C_*$ 的滤子结构，就存在一个伴随的双阶 $\mathscr{k}$-模

$$E^0_{p,q}C_* = F_pC_{p+q}/F_{p-1}C_{p+q}.$$

链复形的滤子结构诱导了它的同调群的一个滤子结构：

(7.1) $$F_pH_*(C_*) = \mathrm{Im}(H_*(F_pC_*) \to H_*(C_*)).$$

谱序列使我们可以逐步地计算双阶模

$$E^0_{p,q}H_*(C_*) = F_pH_{p+q}(C_*)/F_{p-1}H_{p+q}(C_*).$$

当 $\mathscr{k}$ 是域时，它们完全决定了 $C_*$ 的同调群：

$$H_n(C_*) = \sum_{p+q=n} E^0_{p,q}H_*(C_*).$$

但在一般情形，$E^0_{p,q}H_*(C_*)$ 不能完全确定 $H_*(C_*)$：这时还存在着从 $E^0H_*$ 到 $H_*$ 的扩张问题．

我们引入下面的记号：

(7.2) $$\begin{aligned} Z^r_{p,q} &= \{x \in F_pC_{p+q} \mid \partial x \in F_{p-r}C_{p+q-1}\}, \quad r \geqslant 0, \\ B^r_{p,q} &= \{\partial x \in F_pC_{p+q} \mid x \in Z^{r-1}_{p+r-1,q-r+2}\}, \quad r \geqslant 1. \end{aligned}$$

这样，$Z^r_{p,q}$ 就是 $C_{p+q}$ 的第 $p$ 个滤子中模 $F_{p-r}C_*$ 为闭链的元素全体，而 $B^r_{p,q}$ 就是由 $F_{p+r-1}C_*$ 产生的边缘链全体．我们令

(7.3) $$\begin{aligned} E^r_{p,q} &= Z^r_{p,q}/(Z^{r-1}_{p-1,q+1} + B^r_{p,q}) \\ &= (Z^r_{p,q} + F_{p-1}C_{p+q})/(B^r_{p,q} + F_{p-1}C_{p+q}). \end{aligned}$$

当 $r = 1$ 时，上式说明

(7.4) $E^1_{p,q} = H_{p+q}(F_pC_*/F_{p-1}C_*) = H_{p+q}(E^0_{p,*}(C_*))$.

若 $x \in Z^r_{p,q}$，则 $\partial x \in Z^r_{p-r,q+r-1}$，且 $\partial(Z^{r-1}_{p-1,q-1}) \subset B^r_{p-r,q+r-1}$. 因此微分 $\partial$ 诱导了同态

$$d^r: E^r_{p,q} \to E^r_{p-r,q+r-1}.$$

若对每个 $n$，都存在 $n_0$，$n_1$，使得

$$(7.5) \qquad \begin{aligned} F_pC_n &= 0 \qquad \forall p \leqslant n_0, \\ F_pC_n &= C_n \qquad \forall p \geqslant n_1, \end{aligned}$$

则称滤子结构 $F_pC_*$ 是有界的. 当 $n_0 = -1$，$n_1 = n$ 时. $F_pC_*$ 称为是典型有界的. 在这种情形，对任意给定的 $p$，$q$，只要 $r$ 充分大，就有 $d^r = 0$.

下面是一个关键的引理:

**引理 7.6.** 复合映射 $d^r \cdot d^r = 0$，且对任意 $(p,q)$，$E^{r+1}_{p,q}$ 都是下面复形的同调群:

$$E^r_{p+r,q-r+1} \xrightarrow{d^r} E^r_{p,q} \xrightarrow{d^r} E^r_{p-r,q+r-1}.$$

证. 设 $x \in Z^r_{p,q}$ 代表 $[x] \in E^r_{p,q}$. 若 $d^r[x] = 0$，则

$$\partial x \in F_{p-r-1,q+r}C_* + B^r_{p-r,q+r-1}.$$

可设 $\partial x = y_1 + b_1$. 由 $B^r$ 的定义可知，存在 $x_1 \in F_{p-1}C_{p+q}$，使得 $\partial x_1 = b_1$，并且在 $E^r_{p,q}$ 中有 $[x - x_1] = [x]$. 因此可设 $b_1 = 0$. 因为 $\partial x \in F_{p-r-1,q+r}C_*$ 意味着 $x \in Z^{r+1}_{p,q}$，所以 $x$ 代表了 $E^{r+1}_{p,q}$ 中一个元素.

最后，若 $[z] \in E^r_{p+r,q-r+1}$，则 $\partial z \in B^{r+1}_{p,q}$. 由此即知上面序列的同调群与 $E^{r+1}_{p,q}$ 同构. ∎

**引理 7.7.** 设滤子结构有界. 则对任意 $p$，$q$，只要 $r$ 充分大，就有

$$E^r_{p,q} = E^0_{p,q}H_*(C_*).$$

证. 由(7.5)，只要 $r$ 充分大，就有

$$\begin{aligned} Z^r_{p,q} &= \mathrm{Ker}\partial \cap F_pC_{p+q}, \\ B^r_{p,q} &= \mathrm{Im}\partial \cap F_pC_{p+q}. \end{aligned}$$

因此

$$E^r_{p,q} = \mathrm{Ker}\partial \cap F_p / \mathrm{Im}\partial \cap F_p + \mathrm{Ker}\partial \cap F_{p-1}.$$

另一方面

$$F_pH_{p+q}(C_*) = \mathrm{Ker}\partial \cap F_pC_{p+q} / \mathrm{Im}\partial \cap F_pC_{p+q}.$$

因此商群 $E^0_{p,q}H_*(C_*)$ 与上面的 $E^r_{p,q}$ 同构. ▮

我们通常把这些群 $E^r_{p,q}$ 排列在一个坐标系中:

(7.8)

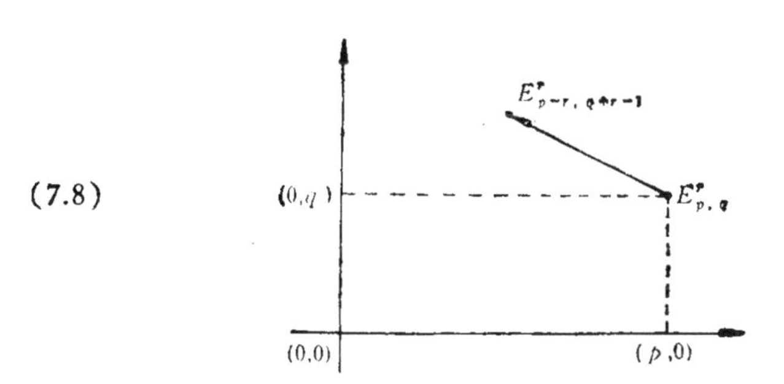


对典型有界的滤子结构, 非零群都列在第一象限中. 通常把 $p$ 称为基度数, $q$ 称为纤维度数, $p+q$ 称为全度数. 一般用

$$E^r_{p,q} \Rightarrow H_{p+q}(C_*)$$

来表示 $E^\infty_{p,q}$ 与 $E^0_{p,q}H_*(C_*)$ 相同. 此时称谱序列 $(E^r_{*,*}, d^r)$ 收敛于 $H_{p+q}(C_*)$.

给定滤子化的链复形 $C_*$ 与 $\hat{C}_*$, 以及一个保滤子结构的链映射

$$f: C_* \to \hat{C}_*,$$

则存在一个对应的同态

$$E^r(f): E^r_{p,q} \to \hat{E}^r_{p,q}.$$

**引理 7.9.** 设两个滤子结构都是有界的. 若对任意的 $r$, $E^r(f)$ 都是同构, 则 $f_*: H_*(C_*) \to H_*(\hat{C}_*)$ 也是同构.

证. 设 $E^r(f)$ 为同构, 则 $E^{r+1}(f)$ 也是同构. 由(7.7)可知

$$E^0_{p,q}(f_*): E^0_{p,q}H_*(C_*) \to E^0_{p,q}H_*(\hat{C}_*)$$

对一切 $p$, $q$ 都是同构. 考虑交换图表

$$\begin{array}{ccccccccc} 0 & \to & F_{p-1}H_n(C_*) & \to & F_pH_n(C_*) & \to & E^0_{p,n-p} & \to & 0 \\ & & \downarrow f_* & & \downarrow f_* & & \downarrow E^0_{p,n-p}(f_*) & & \\ 0 & \to & F_{p-1}H_n(\hat{C}_*) & \to & F_pH_n(\hat{C}_*) & \to & \hat{E}^0_{p,n-p} & \to & 0 \end{array}$$

右边的垂直映射是同构. 由于滤子结构是有下界的, 我们可以用归纳法. 设左边的 $f_*$ 为同构, 则由 5-引理[1], 可知中间的 $f_*$ 也是同构. ∎

我们所要讨论的谱序列都来自双阶复形. 双阶复形 $(X_{*,*}, \partial', \partial'')$ 是由 $\mathscr{A}$ 模 $\{X_{p,q}\}$ 及同态 $\partial'$, $\partial''$ 所构成的. 其中

$$\partial': X_{p,q} \to X_{p-1,q}, \quad \partial'': X_{p,q} \to X_{p,q-1}$$

满足关系式

(7.10) $\partial' \cdot \partial' = 0, \partial'' \cdot \partial'' = 0, \partial' \cdot \partial'' + \partial'' \cdot \partial' = 0.$

全复形 $X_*$ 定义为

$$(7.11) \qquad X_n = \sum_{p+q=n}^{\oplus} X_{p,q}, \quad \partial = \partial' + \partial''.$$

我们可以按下面的方式把双阶复形列在平面上:

$$\begin{array}{ccccccc}
 & & \vdots & & \vdots & & \vdots & & \\
 & & \downarrow & & \downarrow & & \downarrow & & \\
\cdots \to & & X_{p-1,q+1} & \to & X_{p,q+1} & \to & X_{p+1,q+1} & \to & \cdots \\
 & & \downarrow & & \downarrow & & \downarrow & & \\
\cdots \to & & X_{p-1,q} & \to & X_{p,q} & \to & X_{p+1,q} & \to & \cdots \\
 & & \downarrow & & \downarrow & & \downarrow & & \\
\cdots \to & & X_{p-1,q-1} & \to & X_{p,q-1} & \to & X_{p+1,q-1} & \to & \cdots \\
 & & \downarrow & & \downarrow & & \downarrow & & \\
 & & \vdots & & \vdots & & \vdots & &
\end{array}$$

$X_*$ 有两个滤子结构, 即

$$(7.12) \qquad \begin{aligned} F'_p X_n &= \sum_{i \leq p}^{\oplus} X_{i,n-i}, \quad \text{(列滤子结构)}, \\ F''_q X_n &= \sum_{i \leq q}^{\oplus} X_{n-i,i}, \quad \text{(行滤子结构)}. \end{aligned}$$

它们对应的分阶模满足

$$F'_p X_{p+q} / F'_{p-1} X_{p+q} = X_{p,q} = F''_q X_{p+q} / F''_{q-1} X_{p+q}.$$

---

1) 这是一个在代数拓扑中常用的引理. 关于它的内容以及陈述, 请参阅 M. J. Greenberg 和 J. R. Harper 合著的《Algebraic Topology —— A First Course》一书的 77 页. ——译者注

由(7.4),我们可以计算出它们的 $E^1$ 项:

$$(7.13)\qquad \begin{aligned} {}'E^1_{p,q} &= H_q(X_{p,*},\partial''), \quad (\text{第 1 个谱序列}), \\ {}''E^1_{p,q} &= H_p(X_{*,q},\partial'), \quad (\text{第 2 个谱序列}). \end{aligned}$$

**引理 7.14.** 以上两个谱序列的 $d^1$ 微分分别由下面两个式子给出:

$$\partial': H_q(X_{p,*},\partial'') \to H_q(X_{p-1,*},\partial''),$$
$$\partial'': H_p(X_{*,q},\partial') \to H_p(X_{*,q-1},\partial').$$

下面我们讨论两个重要的例子．第一个例子是循环同调的另一种定义．由它可得到 A. Connes 的正合序列 [C], [LQ]．第二个例子给出 Lerry-Serre 谱序列.

在 § 4 中我们定义了 $A$ 的循环杠结构(或称 Hochschild 复形)

$$Z_*(A): \cdots \to A^{(n+1)} \xrightarrow{b} A^{(n)} \to \cdots \to A^{(2)} \xrightarrow{b} A \to 0.$$

其中 $Z_n(A) = A^{(n+1)}$. 如果我们用 $(a_0, \cdots, a_n)$ 表示 $a_0 \otimes \cdots \otimes a_n \in Z_n(A)$, 则微分为

$$b(a_0, \cdots, a_n) = \sum_{i=0}^{n-1} (-1)^i (a_0, \cdots, a_i a_{i+1}, \cdots, a_n)$$
$$+ (-1)^n (a_n a_0, a_1, \cdots, a_{n-1}).$$

在(4.3)中取 $N = A$, 得到增广的双侧杠结构 $Z'_* = B_*(A; A; A)$,这里

$$Z'_*: \cdots \to A^{(n+1)} \xrightarrow{b'} A^{(n)} \to \cdots \to A^{(2)} \xrightarrow{b} A \to 0.$$

其微分为

$$b'(a_0, \cdots, a_n) = \sum_{i=0}^{n-1} (-1)^i (a_0, \cdots, a_i a_{i+1}, \cdots, a_n).$$

由(4.3)可知, 这个复形是零调的.

$n+1$ 阶循环群在 $A^{(n+1)}$ 上有个作用, 在相差一个符号的意义下相当于对各个因子作轮换．设 $t \in Z/(n+1)$ 为生成元, 则

$$t(a_0, \cdots, a_n) = (-1)^n (a_n, a_0, \cdots, a_{n-1}).$$

把 $A^{(n+1)}$ 与(4.9)中所给的 $\mathbb{Z}/(n+1)$ 的标准分解作张量积，得到复形

$$\cdots \to A^{(n+1)} \xrightarrow{N} A^{(n+1)} \xrightarrow{1-t} A^{(n+1)} \to \cdots \xrightarrow{N} A^{(n+1)} \xrightarrow{1-t} A^{(n+1)} \to 0.$$

(其中 $N = 1 + t + \cdots + t^n$). 其同调群为 $H_i(\mathbb{Z}/(n+1), A^{(n+1)})$.

考虑双阶复形 $\mathscr{C}_{*,*}(A)$:

(7.15)

$$\begin{array}{ccccccccc}
 & & \vdots & & \vdots & & \vdots & & \vdots \\
 & & \downarrow & & \downarrow & & \downarrow & & \downarrow \\
0 & \leftarrow & A^{(3)} & \xleftarrow{1-t} & A^{(3)} & \xleftarrow{N} & A^{(3)} & \xleftarrow{1-t} & A^{(3)} & \leftarrow \cdots \\
 & & \downarrow b & & \downarrow -b' & & \downarrow b & & \downarrow -b' \\
0 & \leftarrow & A^{(2)} & \xleftarrow{1-t} & A^{(2)} & \xleftarrow{N} & A^{(2)} & \xleftarrow{1-t} & A^{(2)} & \leftarrow \cdots \\
 & & \downarrow b & & \downarrow -b' & & \downarrow b & & \downarrow -b' \\
0 & \leftarrow & A & \xleftarrow{1-t} & A & \xleftarrow{N} & A & \xleftarrow{1-t} & A & \leftarrow \cdots \\
 & & \downarrow & & \downarrow & & \downarrow & & \downarrow \\
 & & 0 & & 0 & & 0 & & 0
\end{array}$$

它的第偶数个列是 $Z_*(A)$, 第奇数个列是 $Z'_*(A)$ (微分为 $-b'$). 读者可以验证这是个双阶复形. 即

$$Nb - b'N = 0, \quad b(1-t) - (1-t)b = 0.$$

下面是由 Tsygan [$T$] 与 Loday-Quillen [$LQ$] 所给出的 $A$ 的循环同调群的另一个定义. 它并不要求 $\mathbb{Q}\subset k$.

**定义 7.16.** (7.15)中的全复形 $\mathscr{C}_*(A)$ 的同调群称为 $A$ 的**循环同调群**.

在 $k$ 的特征为零时，我们对周期同调给出了两种定义. 下面必须证明它们是等价的. 由(4.10)可知，在 $\mathbb{Q}\subset k$ 时，有

$$H_i(\mathbb{Z}/n+1; A^{(n+1)}) = 0 \quad \forall i > 0,$$
$$H_0(\mathbb{Z}/n+1; A^{(n+1)}) = A^{(n+1)}/(1-t)A^{(n+1)}.$$

用(7.13)的记号，就是

$$''E^1_{q,p} = 0, \quad \forall p > 0,$$
$$''E^1_{q,0} = A^{(q+1)}/(1-t)A^{(q+1)}.$$

其微分 $''d^1$ 等于(4.13)中所用的微分．若用 $HC_q(A)$ 来记(4.16)中定义的群，则

$$''E^2_{q,0} = HC_q(A), \quad ''E^2_{q,p} = 0, \forall p > 0.$$

由于 $''E^2$ 项全部集中在“底线”上，因此 $''d^r = 0$, $\forall r > 1$. 这说明 $''E^2_{p,q} = ''E^\infty_{p,q}$. 由(7.7)可知

$$E^0_{p,q}, H_{p+q}\mathscr{C}_*(A) = \begin{cases} 0, & \forall p > 0, \\ HC_q(A), & p = 0. \end{cases}$$

因为 $E^0_{q,p}H_{p+q} = F_qH_{p+q}/F_{q-1}H_{p+q}$，且滤子结构是典型有界的，所以

$$F_iH_q\mathscr{C}_*(A) = 0, \ \forall i < q,$$
$$F_qH_q\mathscr{C}_*(A) = HC_q(A).$$

这就说明，在 $k \supseteq \mathbb{Q}$ 的情形，下式成立

$$H_q\mathscr{C}_*(A) = HC_q(A). \tag{7.17}$$

从现在开始，我们将用 $HC_q(A)$ 表示 (7.16) 中定义的循环同调群．并且除了特殊说明外，一般不要求 $k$ 的特征为零．

**定理 7.18.** (A. Connes) 对任意 $k$-代数 $A$，都有正合序列

$$\cdots \to HC_n(A) \xrightarrow{s} HC_{n-2}(A) \xrightarrow{B} HH_{n-1}(A) \xrightarrow{I} HC_{n-1}(A) \xrightarrow{s} \cdots.$$

证. 用 $\mathscr{D}_{*,*}(A)$ 表示由(7.15)的前两列所构成的双阶复形，即

$$\mathscr{D}_{0,q} = A^{(q+1)}, \ \mathscr{D}_{1,q} = A^{(q+1)}, \ \mathscr{D}_{p,q} = 0 \ \ \forall p > 1.$$

可以看出，商复形 $\mathscr{C}_{*,*}/\mathscr{D}_{*,*}$ 同构于 $\mathscr{C}_{*,*}$，但下标 $p$ 的值下降了 2．特别地，我们有全复形的正合序列

$$0 \to \mathscr{D}_* \to \mathscr{C}_* \to \mathscr{C}_{*-2} \to 0.$$

它对应的同调正合序列就具有前面所给出的形式．实际上，第二列 $\mathscr{D}_{1,*}$ 是零调的，因而

$$H_n(\mathscr{D}_*) = H_n(\mathscr{D}_{0,*})$$

(这很容易从(7.13)中的谱序列 $'E^1_{*,*}$ 推出)．由定义，$H_n(\mathscr{D}_{0,*}) = HH_n(A)$．∎

下面我们按 A. Dress 的方式介绍纤维丛的 Lerry-Serre 谱

序列。

给定连续映射 $\pi: E \to B$，令 $\mathrm{Sin}_{p,q}(\pi)$ 为由全体连续映射的交换图表

$$\begin{array}{ccc} \Delta^q \times \Delta^p & \xrightarrow{u} & E \\ \downarrow p_1 & & \downarrow \pi \\ \Delta^q & \xrightarrow{v} & B \end{array}$$

所构成的集合，其中 $p_1$ 为到第一个因子的投射．固定 $p$ 不动，我们得到一个单纯集 $\mathrm{Sin}_{p,*}(\pi)$，它的面算子和退化算子是分别由 $\Delta^q$ 的面算子和退化算子诱导的，记为 $\partial_i''$ 与 $s_i''$．同样，固定 $q$ 不动，我们得到另一个单纯集 $\mathrm{Sin}_{*,q}(\pi)$，算子记为 $\partial_i'$，$s_i'$（参考(2.1)）．这两种结构是交换的．也就是说，这些算子满足 $\partial_i'\partial_i''=\partial_i''\partial_i'$，$\partial_i's_i''=s_i''\partial_i'$ 以及另外两个类似的关系式．我们称 $\mathrm{Sin}_{*,*}(\pi)$ 为**双单纯集**．

设 $S_{p,q}(\pi)=S_{p,q}(\pi;\mathscr{A})$ 是以 $\mathrm{Sin}_{p,q}(\pi)$ 为基底的 $\mathscr{A}$-模．这些模构成一个双阶复形 $S_{*,*}(\pi)$，微分为

$$\partial': S_{p,q}(\pi) \to S_{p-1,q}(\pi),\quad \partial' = (-1)^q \sum_{i=0}^{p} (-1)^i \partial_i',$$

$$\partial'': S_{p,q}(\pi) \to S_{p,q-1}(\pi), \partial'' = \sum_{j=0}^{q} (-1)^j \partial_j''.$$

我们下面将证明，第一个谱序列塌缩到一条非平凡直线（$p=0$），并且 $'E^2_{p,q}=H_q(E;\mathscr{A})$．因此 $'E^2_{*,*}={}'E^\infty_{*,*}$．这样全复形 $S_*(\pi)$ 的同调就是 $E$ 的同调：

$$H_q(S_*(\pi))=H_q(E;\mathscr{A}).$$

第二个谱序列 $''E^r_{*,*}$ 是非平凡的．若 $\pi$ 为丛映射，以 $F$ 为纤维，且底空间是单连通的，则

$$''E^2_{p,q}=H_q(B;H_q(F;\mathscr{A})).$$

它收敛于 $H_{p+q}(E;\mathscr{A})$，从而给出了底空间、纤维和全空间的同调群之间的一个重要的联系。

我们现在作一些详细的讨论．注意到 $S^*_{p,*}(\pi)$ 是连续映射空间 $\mathrm{Map}(\Delta^p,E)$ 的奇异复形的子复形：

$$S_{p,*}(\pi)\subset S_*(\mathrm{Map}(\Delta^p,E)).$$

单形 $\Delta^p$ 是可缩的(例如收缩到 $\Delta^0=e_0=(1,0,\cdots,0)$)．由此得到同伦

$$\varphi:\mathrm{Map}(\Delta^p,E)\times I\to\mathrm{Map}(\Delta^p,E),$$

使得 $\varphi_0=\mathrm{id}$，$\varphi_1(f)=f(\Delta^0)$．根据(2.5)，我们有链映射

$$\Phi:S_*(\mathrm{Map}(\Delta^p,E))\otimes S_*(I)\xrightarrow{b_*}S_*(\mathrm{Map}(\Delta^p,E)\times I)$$
$$\xrightarrow{\varphi_*}S_*(\mathrm{Map}(\Delta^p,E)),$$

它在 $S_{p,*}(\pi)\otimes S_*(I)$ 上的限制仍记为 $\Phi$：

(7.19) $$\Phi:S_{p,*}(\pi)\otimes S_*(I)\to S_{p,*}(\pi).$$

**引理 7.20.** $S_{*,*}(\pi)$ 的第一个谱序列满足

$$'E^2_{p,q}=0\ \forall p>0,\ 'E^2_{0,q}=H_q(E;\mathscr{A}).$$

证. 映射 $L^0\to\Delta^p,\Delta^p\to\Delta^0$ 诱导了链映射

$$\alpha:S_{p,*}(\pi)\to S_{0,*}(\pi),\quad \beta:S_{0,*}(\pi)\to S_{p,*}(\pi).$$

复合映射 $\alpha\cdot\beta=\mathrm{id}$，而 $\beta\cdot\alpha:S_{p,*}(\pi)\to S_{p,*}(\pi)$ 链同伦于恒等映射，链同伦为

$$K(c)=\Phi(c\oplus\sigma_1),c\in S_{p,*}(\pi).$$

其中 $\Phi$ 是(7.19)中的映射，$\sigma_1:\Delta^1\to I$ 为恒等映射．因此

$$H_q(S_{p,*}(\pi))\xrightarrow{\cong}H_q(S_{0,*}(\pi))=H_q(E,\mathscr{A});$$

从而 $'E^1_{p,q}=H_q(E;\mathscr{A}),\forall p.$

计算 $'E^1_{p,q}$ 的链复形的边缘算子是由 $\Delta^p$ 的边缘算子诱导的，这给出了复形

$$\cdots\to H_q(E;\mathscr{A})\xrightarrow{0}H_q(E;\mathscr{A})\xrightarrow{1}H_q(E;\mathscr{A})\xrightarrow{0}H_q(E;\mathscr{A})\to 0$$

(参考(7.14))．$E^2_{p,q}$ 就是这个复形的同调群．

为了计算 $''E^2_{p,q}$，我们考虑下面的分解：

$$\mathrm{Sin}_{p,q}(\pi)=\coprod\{\mathrm{Sin}^v_p(\pi)\mid v\in\sin_q(B)\},$$

$$\mathrm{Sin}^v_q(\pi)=\{u\in\mathrm{Sin}_{p,q}(\pi)\mid\pi\circ u=v\circ p_1\}.$$

它诱导了直和分解

$$S_{*,q}(\pi) = \sum_{v}^{\oplus} S_*^v(\pi), \quad v \in \mathrm{Sin}_q(B).$$

我们来讨论 $S_*^v(\pi)$.

设 $\pi: E \to B$ 是以 $F$ 为纤维的丛. 由于 $\Delta^q$ 可缩, 它在 $\Delta^q$ 上的拉回丛 $v^*(E)$ 是平凡丛. 选一个平凡化映射 $h = h(v)$:

$$(7.21)\qquad \begin{array}{ccccc} \Delta^q \times \Delta^p \to v^*(E) & \xrightarrow[\cong]{h(v)} & \Delta^q \times F \\ {\scriptstyle p_1}\searrow \quad \downarrow{\scriptstyle \pi^*} & & \downarrow{\scriptstyle p_1} \\ \Delta^q & \xrightarrow[=]{} & \Delta^q \end{array}$$

它诱导了同构

$$S_*^v(\pi) \to S_*(F^{\Delta^q}).$$

其中 $F^{\Delta^q} = \mathrm{Map}(\Delta^q, F)$. 由于 $S_*(F^{\Delta^q}) \cong S_*(F)$ (理由同(7.19)), 可知存在同伦等价

$$H(v): S_*^v(\pi) \xrightarrow{\cong} S_*(F).$$

这样我们就证明了

**引理 7.22.** 存在同构

$$''E^1_{p,q}(\pi) \cong \sum_{v \in \mathrm{Sin}_q(B)}^{\oplus} H_p(F; k) = S_q(B; H_p(F; k)). \ \blacksquare$$

(7.22)中的同构依赖于丛等价 $h(v)$ 的选择. 因此 $''d^1$ 不一定是 $S_*(B; H_p(F; k))$ 中通常的微分.

(7.21)中 $h(v)$ 的定义一般相差平凡丛的一个同构, 而这样的同构 (在同伦意义下) 完全由它在一个纤维 $\Delta^0 \times F$ 上的限制所确定. $h(v)$ 的随意性的基本原因如下:

设 $\sigma: I \to B$ 为 $B$ 中一条道路. 则 $\sigma^*(E)$ 是 $I$ 上的丛; 因此它等价于 $I \times F$. 选择等价映射 $\hat{h}$, 我们就有了丛映射:

$$\begin{array}{ccccc} I \times F & \xrightarrow[\cong]{\hat{h}} & \sigma^*(E) & \xrightarrow{\theta} & E \\ \downarrow & & \downarrow & & \downarrow \\ I & \xrightarrow{=} & I & \xrightarrow{\sigma} & B \end{array}$$

记 $f_t = \hat{\sigma h}(t,-): F \to E$. 则有同构 $\sigma_* = f_1 \cdot f_0^{-1}: \pi^{-1}(\sigma(0)) \to \pi^{-1}(\sigma(1))$. 显然，这个同构的同伦类 $[\sigma_*]$ 与 $\hat{h}$ 的选取无关.但如果 $\tau$ 是从 $\sigma(0)$ 到 $\sigma(1)$ 的另一条道路，则 $[\tau_*]$可能与$[\sigma_*]$不同，因而可能诱导出从 $H_*(\pi^{-1}(\sigma(0)))$ 到$H_*(\pi^{-1}(\sigma(1)))$的不同的同构. 在这种情形 $''d^1$ 将是很复杂的.

有一种情形可使这些困难自动消失，即$B$为单连通的情形.这时任意两条端点相同的道路 $\sigma$ 与 $\tau$ 都是同伦的，从而 $[\sigma_*] = [\tau_*]$. 选择基点 $b \in B$，及一个固定的等同 $F = \pi^{-1}(b)$. 对每个$x \in B$，我们得到唯一的同伦等价 $[\sigma_*]: \pi^{-1}(x) \to F$，因此在同伦意义下唯一地确定了(7.21)中的同构 $\hat{h}(\nu)$. 这就证明了下面的引理.

**引理 7.23.** 若$B$是单连通的，则

$$''d^1: {}''E^1_{*,p} \to {}''E^1_{*-1,p}$$

就是 $S_*(B;H_q(F;\mathscr{A}))$ 中通常的的微分. ∎

综上所述，我们有

**定理 7.24.** 设 $\pi: E \to B$ 是以$F$为纤维的丛，$B$单连通，则存在谱序列

$$E^2_{p,q} = H_p(B;H_q(F;\mathscr{A})) \Rightarrow H_{p+q}(E;\mathscr{A}). \blacksquare$$

定理中的条件可以减弱，只要 $\pi: E \to B$ 为纤维映射即可.关于纤维映射和纤维空间的定义可参考有关同伦论基础方面的书.从要求每点有个局部平凡化邻域，而纤维空间只要求有一个在同伦等价意义下的局部平凡化邻域. 容易验证，上面的定理对纤维空间也是成立的. 下面我们构造一个纤维空间.

设 $f: Y \to X$ 为映射，$X$ 为连通空间. 考虑由所有的对 $(y, \sigma)$构成的空间，其中 $y \in Y$，$\sigma \in X^I$. 它有子空间

$$P(f) = \{(y,\sigma) \mid \sigma(0) = f(y)\}.$$

显然 $P(f)$. 同伦等价于 $Y$. 所用的同伦就是把每条道路收缩到它的起点：$h_t(y,\sigma) = (y,\sigma_t)$，$\sigma_t(s) = \sigma((1-t)s)$.

下面引理的证明可参考 [S].

**引理 7.25.** 映射 $\pi: P(f) \to X, \pi(y,\sigma) = \sigma(1)$ 是一个纤维映

射．

$\pi: P(f) \to X$ 在一点 $x$ 的纤维通常称为 $f$ 的**同伦纤维**．注意(7.25)的一个特殊情形，即 $Y$ 为一点 $x_0 \in X$ 的情形．此时 $P(f)$ 是 $X$ 中以 $x_0$ 为起点的道路构成的空间，记为 $P(X; x_0)$ 或 $PX$．$\pi: PX \to X$ 在 $x \in X$ 点的纤维为所有从 $x_0$ 到 $x$ 的道路．特别地，$\pi^{-1}(x_0)$ 为 $x_0$ 点的闭路空间，记为 $\Omega(X, x_0)$ 或 $\Omega X$．纤维化(fibration)

$$\Omega X \to PX \xrightarrow{\pi} X$$

称为道路空间的纤维化．

因为 $PX$ 是可缩的，所以 $H_*(PX)$ 的非零部分集中在零维上．因此当 $X$ 是单连通空间时，有

**推论 7.26.** 存在一个谱序列，使得

$$E^2_{p,q} = H_p(X; H_q(\Omega X; k)), \quad p \geqslant 0, \quad q \geqslant 0,$$

且 $E^\infty_{0,0} = k$，$E^\infty_{p,q} = 0$，$\forall (p,q) \neq (0,0)$．▌

## 习　题

1. 设 $s: A^{(q)} \to A^{(q+1)}$ 为复形 $Z'_*(A)$ 的收缩映射：$s(a_0, \cdots, a_q) = (1, a_0, \cdots, a_q)$．考虑算子

$$B: A^{(q)} \xrightarrow{N} A^{(q)} \xrightarrow{s} A^{(q+1)} \xrightarrow{1-t} A^{(q+1)}.$$

其中 $N = 1 + t + \cdots + t^{q-1}$．证明关系式

$$B^2 = 0, \quad bB + Bb = 0.$$

从而得到双阶复形 $\mathscr{B}_{*,*}(A)$：

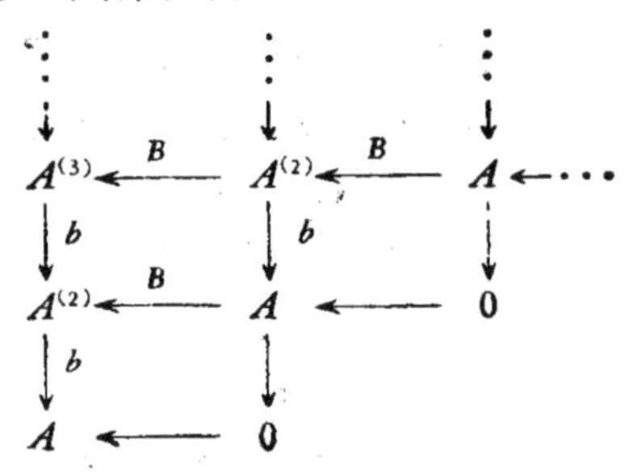

其中 $\mathscr{B}_{p,q}(A)=A^{(q-p+1)}$,微分如表中所示．定义映射

$$f:\mathscr{B}_{p,q}(A)\to\mathscr{C}_{2p,q-p}(A)\oplus\mathscr{C}_{2p-1,q+1-p}(A),$$
$$f(x)=x+sN(x).$$

证明 $f$ 诱导了全复形的链映射 $f_*:\mathscr{B}_*(A)\to\mathscr{C}_*(A)$.

证明 $f_*$ 诱导了(7.13)中 $'E^1_{*,*}$ 项的同构．由此推出 $f_*$ 诱导了同调群的同构．

2. 证明存在谱序列，满足

$$E^1_{p,q}=HH_{q-p}(A),d^1=B,$$

且收敛于 $HC_*(A)$ (用上一题结果).

证明(7.15)中的双阶复形 $\mathscr{C}_{*,*}(A)$ 的第一个滤子结构给出的谱序列满足：当 $p$ 为偶数时，$'E^1_{p,q}='E^2_{p,q}=HH_q(A)$，当 $p$ 为奇数时 $'E^1_{p,q}='E^2_{p,q}=0$．证明 $'d^2$ 是由上题中的 $B$ 诱导的．

3. 设 $A$ 为增广代数：$A=k\oplus\bar{A}$.定义其正规化复形 $\mathscr{B}^N_{*,*}(A)$ 为

$$\mathscr{B}^N_{p,q}(A)=A\oplus\bar{A}^{(q-p)}.$$

取 $A$ 的约化复形 $\bar{\mathscr{B}}_{*,*}(A)$ 为下面正合序列中的余核：

$$0\to\mathscr{B}^N_{*,*}(k)\to\mathscr{B}^N_{*,*}(A)\to\bar{\mathscr{B}}_{*,*}(A)\to 0.$$

证明 $\mathscr{B}^N_*(A)$ 与 $\mathscr{B}_*(A)$ 具有相同的同调群．定义约化循环同调群为

$$\overline{HC}_n(A)=H_*(\bar{\mathscr{B}}_*(A)).$$

证明 $HC_*(A)=\overline{HC}_*(A)\oplus HC_*(k)$．当 $k\supset Q$ 时,证明 $\overline{HC}_*(A)$ 为链复形 $(\bar{A}^{(*+1)}/(1-t),b)$ 的同调群．

4. 设 $n>1$．证明对于 $X=S^n$($n$ 维球面)的情形,(7.26)中的谱序列满足

$$E^2_{p,q}=E^n_{p,q},$$

并且

$$d^n:E^n_{n,0}\to E^n_{0,n-1}$$

为同构，归纳地证明

$$H_i(\Omega S^n;k)=0,\text{ 若 }(p-1)\nmid i,$$
$$H_{k(p-1)}(\Omega S^n;k)=k.$$

5. 设 $X$ 单连通，且 $H_i(X;\mathscr{A})=0$, $\forall i<n$. 证明

$$H_i(\Omega X;\mathscr{A})=0,\ i<n-1,$$
$$H_{n-1}(\Omega X;\mathscr{A})=\mathscr{A},$$
$$H_i(\Omega X;\mathscr{A})=0,\ n-1<i<2n-2.$$

6. 考虑到对于带基点 $x_0$ 的空间 $X$，其基本群定义为

$$\pi_1(X;x_0)=\pi_0(\Omega X),\ \Omega X=\Omega(X,x_0),$$

其中 $\pi_0$ 是道路连通分支的集合．换句话说，基本群是由闭路 $(I,\partial I)\to(X,x_0)$ 的同伦类构成的．

类似地，可以归纳地定义 $\pi_n(X;x_0)=\pi_{n-1}(\Omega X;\tilde{x}_0)$，其中 $\tilde{x}_0$ 为 $x_0$ 点的常值道路．当 $n>1$ 时，这是个交换群，且当 $X$ 道路连通时，$\pi_n(X;x_0)$ 与 $x_0$ 的选取无关．

我们有 $H_1(X)=\pi_1(X)/[\pi_1(X),\pi_1(X)]$．特别地，若 $\pi_1(X)$ 为交换群，则 $H_1(X)=\pi_1(X)$．$X$ 为单连通空间当且仅当 $\pi_1(X)=0$．

用习题 5 证明，对单连通空间 $X$，第一个使 $\pi_i(X)\neq 0$ 的 $i$ 与第一个使 $H_i(X)\neq 0$ 的 $i$ 相同，且对这个 $i$，$\pi_i(X)=H_i(X)$．

7. 连通空间 $X$ 称为是 $n$ 连通的，若对任意 $i\leqslant n$，都有 $\pi_i(X)=0$．映射 $f:Y\to X$ 称为 $n$ 连通的，若其同伦纤维是 $(n-1)$ 连通的．

回顾对连通空间的纤维化 $F\to E\xrightarrow{\pi}B$，有同伦群的长正合序列

$$\cdots\to\pi_i F\to\pi_i(E)\to\pi_i(B)\to\pi_{i-1}(F)\to\cdots.$$

设 $X,Y$ 单连通．证明映射 $f:Y\to X$ 为 $n$ 连通的充要条件是

$$f_*:H_i(Y,\mathbb{Z})\to H_i(X,\mathbb{Z})$$

对 $i<n$ 为同构，对 $i=n$ 为满射(用 (7.25) 中的纤维化的谱序列)．

# 8. de Rham 定理

对一个光滑流形 $M$,我们介绍过两种分次群的集合、即奇异上同调群和 de Rham 上同调群. 现在我们已有了足够的预备知识来证明

$$H_{dR}^*(M) \cong H^*(M;\mathbb{R}).$$

这就是著名的 de Rham 定理.

概括地说,证明很简单. 取流形 $M$ 上一个测地凸的开覆盖 $\{U_\alpha\}$. 两个函子都具有 Meyer Vietoris 正合序列,所以它们在$M$上的值可由它们在所有交空间 $U_\sigma = U_{\alpha_1}\cap\cdots\cap U_{\alpha_p}$ 上的值来表示,而根据(2.4)和(3.18),有

$$(8.1)\qquad H_{dR}^*(U_\sigma) = H^*(U_\sigma,\mathbb{R}) = \begin{cases}\mathbb{R}, & U_\sigma \neq \phi,\\ 0, & U_\sigma = \phi.\end{cases}$$

(注意交空间 $U_\sigma$ 仍是测地凸的).

微分式在单纯形上的积分确定一个映射

$$\mathscr{I}:\ H_{dR}^*(M) \to H^*(M;\mathbb{R}).$$

5-引理的大量论证可以表明 $\mathscr{I}$ 是同构. 另一种可供我们选择的途径基于(8.1),它暗示 $H_{dR}^*(M)$ 和 $H^*(M;\mathbb{R})$ 都可由覆盖的“组合结构”决定. 这里并不涉及积分.

我们从详细解说覆盖的组合结构来入手,并且定义它的**经络**(nerve). 设 $\mathfrak{U} = \{U_\alpha\}_{\alpha\in A}$ 是流形 $M$ 的某个局部有限开覆盖. 令

$$N_p\mathfrak{U} = \{(\alpha_0,\cdots,\alpha_p)\in A^{p+1}\mid U_{\alpha_0}\cap\cdots\cap U_{\alpha_p}\neq\phi\},\ p\geqslant 0,$$

$$\partial_i(\alpha_0,\cdots,\alpha_p) = (\alpha_0,\cdots,\hat{\alpha}_i,\cdots,\alpha_p),\quad 0\leqslant i\leqslant p,$$

$$s_i(\alpha_0,\cdots,\alpha_p) = (\alpha_0,\cdots,\alpha_i,\alpha_i,\cdots,\alpha_p),\quad 0\leqslant i\leqslant p.$$

于是我们得到一个单纯集,记做 $N_*\mathfrak{U}$,称为覆盖 $\mathfrak{U}$ 的经络.

进一步,我们来定义和 $\mathfrak{U}$ 相对的**单纯空间** $\underline{\underline{N}}_*\mathfrak{U}$. 对 $\sigma =$

$(\alpha_0,\cdots,\alpha_p)\in N_p\mathfrak{U}$，记 $U_\sigma=U_{\alpha_0}\cap\cdots\cap U_{\alpha_p}$ 并且令

$$\underline{N}_p\mathfrak{U}=\coprod\{U_\sigma|\sigma\in N_p\mathfrak{U}\}.$$

自然含入映射

$$\partial_i:\ U_\sigma\to U_{\partial_i\sigma},\quad s_i:\ U_\sigma\to U_{s_i\sigma}$$

分别定义为面算子和退化算子.于是将每一个 $U_\sigma$ 对应到其下标，我们可以确定一个单纯映射

$$\underline{N}_*\mathfrak{U}\to N_*\mathfrak{U}.$$

如此定义的单纯空间可视为流形 $M$ 的某种分解. 为了说明这一点，我们来考察任意满映射 $\varepsilon: E\to M$ 以及它的拉回

$$E\times_M E=\{(e_1,e_2)\in E\times E|\varepsilon(e_1)=\varepsilon(e_2)\}.$$

重复下去，我们得到具有下述指令的单纯空间 $E_*$，其中

$$E_p=E\times_M E\times_M\cdots\times_M E,\ (p+1\ 个因子),$$

(8.2) $$\partial_i(e_0,\cdots,e_p)=(e_0,\cdots,\hat{e}_i,\cdots,e_p),$$

$$s_i(e_0,\cdots,e_p)=(e_0,\cdots,e_i,e_i,\cdots,e_p).$$

从形式上看，它相当于 §2，习题 3 中讨论过的齐性零调杠构造.对 $M$ 上已经取定的覆盖 $\mathfrak{U}=\{U_\alpha\}$，我们取

$$E=\coprod U_\alpha,$$

$\varepsilon:\ E\to M$ 显然为满映射. 所以 $E_*=\underline{N}_*\mathfrak{U}$.

一般地说，我们可对 $E_*$ 应用种种函子以得到相应的代数对象. 例如当 $\pi:\ E\to M$ 是纤维映射时，实施同伦群函子就显得较为自然. 这里我们只打算详细讨论开覆盖的情形，并分别施以 $q$ 阶微分式以及 $q$ 维奇异上链的反变函子 $\Omega^q(-)$ 和 $s^q(-;k)$. 于是，我们得到上单形的实向量空间，$k$ 模以及(通过构造面算子在通常意义下的交错和而产生的)上链复形. 让 $q$ 变化，我们得到双阶复形.

为了避免不必要地重复，记号 $A^q(U)$ 将用来表示 $\Omega^q(U)$ 或者 $s^q(U;k)$. 令

$$A^q(\underline{N}_p\mathfrak{U})=\prod\{A^q(U_\sigma)|\sigma\in N_p\}.$$

则 $\partial_i$ 诱导同态

$$\delta^i:\ A^q(\underline{N}_p\mathfrak{U})\to A^q(\underline{N}_{p+1}\mathfrak{U}).$$

具体些说，每一元素 $\alpha \in A^q(\underline{N}_p\mathfrak{U})$ 代表一簇微分式 $\{\alpha_\sigma\}_{\sigma\in N_p}$，而对任意 $\alpha \in N_{p+1}\mathfrak{U}$，$(\delta^i\alpha)_\sigma$ 是 $\alpha_{\partial_i\sigma}$ 在限制映射 $A^q(U_{\partial_i\sigma}) \to A^q(U_\sigma)$ 下的象.

构造双阶复形如下

$$A^{p,q}(\mathfrak{U}) = A^q(\underline{N}_p\mathfrak{U}),\ p \geqslant 0, q \geqslant 0. \tag{8.3}$$

$$\delta' = \sum(-1)^i\delta^i,\ \delta'' = (-1)^q d$$

(严格讲这并不是 § 7 意义下的双阶复形，而是一个双阶上复形. 不过若令 $A_{p,q} = A^{-p,-q}$，则得到一个集中在第四象限的双阶复形).

一个 $q$ 维奇异单纯形 $s: \Delta^q \to M$ 称为 $\mathfrak{U}$-狭窄 ($\mathfrak{U}$-small) 的，如果 $s(\Delta^q)$ 包含在 $\mathfrak{U}$ 的某一个开子集内. 我们用 $S_q^{\mathfrak{U}}(M;\mathscr{k})$ 表示所有 $\mathfrak{U}$-狭窄的 $q$ 维奇异单纯形生成的 $\mathscr{k}$-子模，则在奇异同调论中，有如下熟知的事实(参见 [G] 或 [S]).

**引理 8.4.** 含入映射 $S_*^{\mathfrak{U}}(M;\mathscr{k}) \subset S_*(M;\mathscr{k})$ 是一个同伦等价. ▮

对偶地看，满映射 $S^*(M;\mathscr{k}) \to S_{\mathfrak{U}}^*(M;\mathscr{k})$ 也是一个上链复形的链同伦等价.

**引理 8.5.** 下面两个同态序列正合

(i) $0 \to \Omega^q(M) \xrightarrow{\delta^*} \Omega^q(\underline{N}_0\mathfrak{U}) \xrightarrow{\delta'} \Omega^q(\underline{N}_1\mathfrak{U})$

$\xrightarrow{\delta'} \cdots \xrightarrow{\delta'} \Omega^q(\underline{N}_p\mathfrak{U}) \to \cdots,$

(ii) $0 \to S_{\mathfrak{U}}^q(M;\mathscr{k}) \xrightarrow{\delta^*} S_{\mathfrak{U}}^q(\underline{N}_0\mathfrak{U};\mathscr{k}) \xrightarrow{\delta'} S_{\mathfrak{U}}^q(\underline{N}_1\mathfrak{U};\mathscr{k})$

$\xrightarrow{\delta'} \cdots \xrightarrow{\delta'} S_{\mathfrak{U}}^q(\underline{N}_p\mathfrak{U};\mathscr{k}) \to \cdots.$

证. 构造收缩链同伦

$$K_p: \Omega^q(\underline{N}_p\mathfrak{U}) \to \Omega^q(\underline{N}_{p-1}\mathfrak{U})$$

如下：设 $\{\varphi_\alpha\}_{\alpha\in A}$ 是 $M$ 上一簇实值正函数，满足

闭包 $\{x \in M \mid \varphi_\alpha(x) \neq 0\} \subset U_\alpha$，$\sum\limits_{\alpha\in A}\varphi_\alpha(x) = 1$. 对 $\Omega^q(\underline{N}_p\mathfrak{U})$ 中任意元素 $\omega = \{\omega_\sigma\}$，$\sigma \in \underline{N}_p\mathfrak{U}$，定义 $K_p(\omega) \in \Omega^q(\underline{N}_{p-1}\mathfrak{U})$ 为

$$K_p(\omega)_\tau(x) = (-1)^p \sum_{\alpha \in A} \varphi_\alpha(x)\omega_{(\tau,\alpha)}(x), \quad \tau \in N_{p-1}\mathfrak{U}.$$

在情形 $p = 0$，则令

$$K_0(\omega)(x) = \sum_{\alpha \in A} \varphi_\alpha(x)\omega_\alpha(x) \in \Omega^q(M).$$

由于 $\mathfrak{U}$ 局部有限，上面两个表达式的右端都是有限和．容易验证

$$(*) \qquad \begin{aligned} &\delta' \circ K_p + K_{p+1} \circ \delta' = \mathrm{id}, p \geqslant 1, \\ &\varepsilon^* \circ K_0 + K_1 \circ \delta' = \mathrm{id}; \\ &K_0 \circ \varepsilon^* = \mathrm{id}. \end{aligned}$$

进而得到序列 (i) 的正合性．至于序列 (ii)，证明类似．

对每一个 $\mathfrak{U}$-狭窄的奇异 $q$ 维单纯形 $s$: $\Delta^q \to M$，选取指标 $\alpha = \alpha(s) \in A$ 便得 $s(\Delta^q) \subset U_{\alpha(s)}$. 定义

$$K_0: \ S^q(\underline{N}_p\mathfrak{U}) \to S^q(\underline{N}_{p-1}\mathfrak{U}),$$

这里 $K_p(c)_\tau(s) = (-1)^p c_{(\tau,\alpha(s))}$，其中 $\tau \in \underline{N}_{p-1}\mathfrak{U}$ 且 $s(\Delta^q) \subset U_\tau$. 若 $p = 0$，则令

$$K_0(c)(s) = c_{\alpha(s)}(s).$$

容易验证如此定义的 $K_p$ 亦满足关系式(*)．▮

设 $M$ 是一个 Riemann 流形．对每一点 $x \in M$，都存在一个测地凸的邻域 $U$．也就是说 $U$ 中任意两点都可以用唯一的．整个位于 $U$ 中的极小测地线相连结．

设 $\mathfrak{U}$ 是由这样的 $U$ 所组成的 $M$ 上局部有限开覆盖．则对每个 $\tau \in N_p\mathfrak{U}$，$U_\tau$ 仍然是测地凸的．更进一步说，$U_\tau$ 甚至是 $0 \in T_xU_\tau$ 的某一星形邻域在指数映射下的同胚象．

**引理 8.6.** 设 $\mathfrak{U}$ 是 $M$ 的局部有限的、测地凸的开覆盖．则对任意 $p \geqslant 0$，下面两序列正合

$$\text{(i)} \quad 0 \to \prod_{\tau \in N_p} \mathbf{R} \to \Omega^0(\underline{N}_p\mathfrak{U}) \xrightarrow{\delta'} \Omega^1(\underline{N}_p\mathfrak{U}) \xrightarrow{\delta'} \cdots,$$

$$\text{(ii)} \quad 0 \to \prod_{\tau \in N_p} k \to S^0(\underline{N}_p\mathfrak{U}; k) \xrightarrow{\delta''} S^1(\underline{N}_p\mathfrak{U}; k) \xrightarrow{\delta''} \cdots,$$

其中 $N_p = N_p\mathfrak{U}$.

证. (8.6)中的序列是如下序列

$$0 \to \mathbb{R} \to \Omega^0(U_\tau) \xrightarrow{d} \Omega^1(U_\tau) \xrightarrow{d} \cdots,$$

$$0 \to \mathscr{A} \to S^0(U_\tau) \xrightarrow{\delta} S^1(U_\tau) \xrightarrow{\delta} \cdots$$

关于 $\tau \in N_p$ 的直积. 根据 de Rham 引理(3.19)和(2.4), 这两个序列正合. 直积保持正合性.

用 $C_p(\mathfrak{U};\mathscr{A})$ 表示单纯集合 $\underline{N}_*\mathfrak{U}$ 中的 $p$ 维单纯形生成的 $\mathscr{A}$-模并置 $\partial = \sum(-1)^i\partial_i$, 我们得到一个链复形 $\{C_*(\mathfrak{U};\mathscr{A}), \partial\}$. 考虑其对偶, 又得到上链复形 $C^*(\mathfrak{U};\mathscr{A})$. $C^*(\mathfrak{U};\mathscr{A})$ 决定的同调群记做 $H^*(\mathfrak{U};\mathscr{A})$.

**定理 8.7.** 设 $\mathfrak{U}$ 如同(8.6),则

$$H^i_{dR}(M) \cong H^i(\mathfrak{U};\mathbb{R}),\quad H^i(M;\mathscr{A}) \cong H^i(\mathfrak{U};\mathscr{A}).$$

证. 这两个断言都可以从(8.3)定义双阶复形得出. 对 $A^* = \Omega^*$,相应于(7.13)的两个谱序列分别具有 $E_2$ 项

$$'E_2^{p,q} = \begin{cases} 0, & 若\ q > 0 \\ H^p_{dR}(M), & 若\ q = 0 \end{cases} \quad (根据\ 8.5(\mathrm{i})),$$

$$''E_2^{p,q} = \begin{cases} 0, & 若\ q > 0 \\ H^p(\mathfrak{U};\mathbb{R}), & 若\ q = 0 \end{cases} \quad (根据\ 8.6(\mathrm{i})).$$

这两个谱序列的微分都平凡. 因此有

$$'E_2^{n,0} \cong H^n(A^*) \cong {''E}_2^{n,0}.$$

这样我们证实了定理中的第一个同构. 根据 8.5(ii) 和 8.6(ii), 可以完全类似地证明第二个同构.

实际上,(8.7)给出的两个加性同构甚至是环同构. 为了说明这一点, 需要在 $\mathscr{A}^* = S^*$, $\mathscr{A}^* = \Omega^*$ 这两种情形对应的双阶复形 $\mathscr{A}^{*,*}$ 中引入乘法结构. 为此我们只做概略描述, 细节留给读者.

设 $N_*$ 是任意一个单纯集, $C_*(N_*;\mathscr{A})$ 是相应的链复形,满足 $C_p(N_*;\mathscr{A}) = \bigoplus\limits_{N_p}\mathscr{A}$. 在 § 2, 习题 4 中我们讨论过 Alexander Whitney 链映射

$$A:\ C_n(N_*\times N_*;\mathscr{A})\to\sum_{p+p'=n}^{\oplus}C_p(N_*;\mathscr{A})\otimes C_{p'}(N_*;\mathscr{A}).$$

它把 $(\tau,\beta)\in N_n\times N_n$ 映为

$$A(\tau,\beta)=\sum\tilde{\partial}^{n-p}\tau\otimes\partial_0^{n-p'}\beta.$$

其中 $\tilde{\partial}^{n-p}=\partial_{n-p+1}\circ\partial_{n-p+2}\circ\cdots\circ\partial_n$ 是反复作用最后一个面算子，而 $\partial_0^{n-p'}=\partial_0\circ\cdots\circ\partial_0$ 则是反复作用第一个面算子．将 $A$ 复合于对角映射，产生链映射

(8.8) $$\Delta:\ C_n(N_*;\mathscr{A})\to\sum_{p+q=n}^{\oplus}C_p(N_*;\mathscr{A})\otimes C_q(N_*;\mathscr{A}).$$

利用这个映射可对(8.3)定义乘积如下．设 $\tau\in N_{p+q}\mathfrak{U}$，考虑含入映射

$$\tilde{j}_q:\ U_\tau\to U_{\tilde{\partial}^q\tau},\quad j_p:\ U_\tau\to U_{\partial_0^p\tau}.$$

对 $\omega\in\Omega^r(\underline{N}_p\mathfrak{U})$，$\omega'\in\Omega^s(\underline{N}_q\mathfrak{U})$，构造

$$(\omega\omega')_\tau=(\tilde{j}_q)^*(\omega_{\tilde{\partial}^q\tau})\wedge j_p^*(\omega_{\partial_0^p\tau}).$$

这样定义了乘积

$$\Omega^r(\underline{N}_p\mathfrak{U})\otimes\Omega^s(\underline{N}_q\mathfrak{U})\to\Omega^{r+s}(\underline{N}_{p+q}\mathfrak{U}).$$

对于 $S^*(\underline{N}_*\mathfrak{U})$，也有类似的乘积．

利用公式(8.8)也可以定义乘积

$$C^r(\mathfrak{U};\mathscr{A})\otimes C^s(\mathfrak{U};\mathscr{A})\to C^{r+s}(\mathfrak{U};\mathscr{A}).$$

容易验证在上述乘积下

$$C^*(\mathfrak{U};\mathscr{A})\xrightarrow{(8.6)}C^*(\underline{\underline{N}}_*\mathfrak{U};\mathscr{A})\xleftarrow{(8.5)}C^*_{\mathfrak{U}}(M;\mathscr{A}),$$

$$C^*(\mathfrak{U};R)\xrightarrow{(8.6)}\Omega^*(\underline{\underline{N}}_*\mathfrak{U})\xleftarrow{(8.5)}\Omega^*(M),$$

是积性映射．这样我们证明了

**补遗 8.9.** 存在环同构

$$H^*_{dR}(M)\cong H^*(M;\mathbf{R}).\ \blacksquare$$

时常便于使用的是 $H^*_{dR}(M)$ 和 $H^*(M;\mathbf{R})$ 之间的另一种更为具体的同构．它可以通过对于微分施行积分而构造如下．

用 $\mathrm{Sin}_q^{\mathrm{Diff}}(M)\subset\mathrm{Sin}_q(M)$ 表示可微奇异单纯形 $s:\ \Delta^q\to M$

所成子集. 它生成链复形 $S_*^{\mathrm{Diff}}(M;\mathscr{A})$ 以及上链复形 $S_{\mathrm{Diff}}^*(M;\mathscr{A})$.

**引理 8.10.** $H_{\mathrm{Diff}}^*(M;\mathscr{A}) \cong H^*(M;\mathscr{A})$.

**证.** 流形之间光滑同伦的映射诱导 $S_*^{\mathrm{Diff}}$ 的链同伦的链映射. 由此可知当 $U$ 光滑可缩, 比如 $U$ 测地凸时, $S_*^{\mathrm{Diff}}(U;\mathscr{A})$ 零调. 利用双阶复形 $C_{\mathrm{Diff}}^*(\underline{N}_*\mathfrak{U};\mathscr{A})$ 可断定

$$H_{\mathrm{Diff}}^*(M;\mathscr{A}) \cong H^*(\mathfrak{U};\mathscr{A}),$$

此处 $\mathfrak{U}$ 是 $M$ 上测地凸的开覆盖. 再根据 (8.7), 即知引理成立. ∎

给定一个光滑的 $q$ 维单纯形 $s$: $\Delta^q \to M$ 以及 $M$ 上一个 $q$ 阶微分式 $\omega$, 将 $\omega$ 在 $s$ 上求积分

$$\omega(s) = \int_{\Delta^q} s^*(\omega).$$

这决定一个同态

$$\mathscr{I}:\ \Omega^q(M) \to S_{\mathrm{Diff}}^q(M;\mathrm{R}).$$

根据 Stokes 定理, $\mathscr{I}$ 是一个上链复形之间的链映射, 从而诱导同态

(8.11) $\qquad \mathscr{I}:\ H_{dR}^q(M) \to H_{\mathrm{Diff}}^q(M;\mathrm{R}) = H^q(M;\mathrm{R}).$

上述双阶复形的方法可以证明 $\mathscr{I}$ 是同构. 或者更简单些, 利用一系列 5-引理的讨论对 $M$ 上的测地凸开覆盖做归纳. 事实上, $\mathscr{I}$ 甚至是一个环同构.

## 习　题

1. 设 $\xi$ 是 $M$ 上的向量丛, $\mathfrak{U} = \{U_\alpha\}$ 是 $M$ 的一个开覆盖, 使得对一切 $\alpha$, $\xi|U_\alpha$ 平凡. 取同构 $h_\alpha$: $\xi|U_\alpha \to U_\alpha \times \mathrm{R}^n$ 并定义转移函数

$$g_{\beta\alpha}:\ U_\beta \cap U_\alpha \to \mathrm{GL}_n(\mathrm{R})$$

满足 $h_\beta \circ h_\alpha^{-1}(x, v) = (x, g_{\beta\alpha}(x)v)$.

在交空间 $U_\alpha \cap U_\beta \cap U_\gamma$ 上验证上闭链条件 (cocycle condition) $g_{\alpha\beta}\circ g_{\beta\gamma} = g_{\alpha\gamma}$. 反之, 对给定的一簇满足上闭链条件的函数 $\{g_{\alpha\beta}\}$, 构造 $M$ 上的、以 $\{g_{\alpha\beta}\}$ 为转移函数集的向量丛.

设 $\xi$ 如上，$\{h'_\alpha\}$ 是 $\xi$ 的另一簇局部平凡化. 证明存在映射 $\{\lambda_\alpha: U_\alpha \to GL_n(R)\}$，使得 $\{h'_\alpha\}$ 决定的转移函数具有形式

$g'_{\beta\alpha}=\lambda_\beta \cdot g_{\beta\alpha} \cdot \lambda_\alpha^{-1}$（· 是 $GL_n(R)$ 的乘号）. 此时称 $\{\lambda_\alpha\}$ 是转移函数簇 $\{g_{\alpha\beta}\}$ 和 $\{g'_{\alpha\beta}\}$ 之间的一个等价.

证明流形 $M$ 上的两个向量丛等价，当且仅当它们决定的转移函数集之间存在一个等价.

2. 设 $\theta: \mathbb{C}-\{0\} \to \mathbb{R}$ 是逆时针方向的幅角函数（多值函数）. 证明 $\int_{S^1} d\theta = 2\pi$. $\frac{1}{2\pi} d\theta$ 称为角微分式.

设 $L$ 是流形 $M$ 上的复线丛，$\mathfrak{U} = \{U_\alpha\}$ 是 $M$ 的一个开覆盖，满足 $L|U_\alpha \cong U_\alpha \times \mathbb{C}$. 在 $L$ 上规定一度量并取等距平凡化 $L|U_\alpha \to U_\alpha \times \mathbb{C}$. 相应的转移函数记做 $g_{\alpha\beta}: U_\alpha \cap U_\beta \to S^1$. 令 $\varphi_{\alpha\beta} = \theta \circ g_{\beta\alpha}$.

证明微分式 $\{d\varphi_{\alpha\beta}\} \in \Omega^1(N_1\mathfrak{U})$ 在(8.5)正合序列 (i) 中 $\delta'$-闭. 从而存在 $\{\xi_\gamma\} \in \Omega^1(N_0\mathfrak{U})$ 使得

$$\frac{1}{2\pi} d\varphi_{\alpha\beta} = \delta'\{\xi_\gamma\} = \xi_\beta - \xi_\alpha.$$

证明 $\{d\xi_\alpha\} \in \Omega^2(N_0\mathfrak{U})$ 决定 $M$ 上一个二次闭形式 $e$、它对应的上同调类和 $\{\xi_\alpha\}$ 以及等距 $\{h_\alpha\}$ 的取法无关，记做 $e(L) \in H^2_{dR}(M)$.

证明若 $L$ 平凡，则 $e(L) = 0$.

证明 $e(L)$ 可以用二次微分式表示为

$$e(L) = -\frac{1}{2\pi i} \sum_\gamma d(\rho_\gamma d \log g_{\gamma\alpha}),$$

其中 $\{\rho_\gamma\}$ 是从属于覆盖 $\mathfrak{U} = \{U_\gamma\}$ 的单位分解.

3. 保留习题 2° 的记号. 设 $\pi: L \to M$ 是投影映射，$L_0$ 是 $L$ 关于零截面的余空间. 定义

$$\theta_\alpha = \theta \circ (pr_2 h_\alpha) \in \Omega^0(L_0|U_\alpha).$$

证明 $\left\{\frac{1}{2\pi} d\theta_\alpha - \pi^*\xi_\alpha\right\}$决定一个元素 $\phi \in \Omega^1(L_0)$,叫做**整体角形式**(global angular form).

设 $e \in \Omega^2(M)$ 是习题 2° 中的二次微分式，证明 $d\phi = -\pi^*(e)$.

4. 设 $M$ 是一个(非紧)流形. 用 $\Omega_c^*(M) \subset \Omega^*(M)$ 表示在 $M$ 的某一紧子集之外为零的微分式所组成的子复形,称它为**具有紧支集的 de Rham 复形**.相应的 de Rham 同调群记做 $H_c^*(M)$.

证明如果 $M$ 连通且非紧,则 $H_c^0(M) = 0$.

证明积分 $\mathscr{I}: \Omega_c^1(\mathbf{R}) \to \mathbf{R}$ 仅在恰当微分式上为零，并且诱导同构 $H_c^1(\mathbf{R}) \cong \mathbf{R}$.

利用积分(和 Stokes 定理)定义链映射

$$\pi_*: \Omega_c^*(M \times \mathbf{R}) \to \Omega_c^{*-1}(M).$$

证明 $\varepsilon_*: \Omega_c^{*-1}(M) \to \Omega_c^*(M)$ 恰为 $\varepsilon_*(\omega) = \omega \wedge \varepsilon$. 其中 $\varepsilon = \varepsilon(t)dt \in \Omega_c^1(\mathbf{R})$ 是积分值等于 1 的 $\mathbf{R}$ 上的一次微分式。

# 9. Thom 同构和 Euler 类

若无特殊说明，本节基环恒为 $\mathscr{k}=\mathbf{Z}$.

根据(2.12)，叉积诱导同构

$$(9.1)\quad H^i(B)\otimes H^n(\mathbf{R}^n,\mathbf{R}^n-0)\xrightarrow{\cong}H^{i+n}(B\times\mathbf{R}^n,\ B\times(\mathbf{R}^n-0)).$$

鉴于 $H^n(\mathbf{R}^n,\mathbf{R}^n-0)=\mathbf{Z}$，上式实际上给出 $H^i(B)$ 和

$$H^{i+n}(B\times\mathbf{R}^n,\ B\times(\mathbf{R}^n-0))$$

之间的同构. 下面我们将把这一看法整体化.

设 $\xi$ 是 $B$ 上的一个 $n$ 维向量丛. $\xi$ 的一个定向是它的第 $n$ 阶外幂丛 $\Lambda^n\xi$ 的一个处处非 0 的截面 $f\colon B\to\Lambda^n\xi$. 此截面在每一纤维 $\xi_b$ 上诱导一个唯一定向，进而按如下方式唯一地规定了 $H^n(\xi_b,\xi_b-0)$ 的一个生成元.

设 $\xi_b\cong\mathbf{R}^n$ 是一个保持定向的同胚. 它诱导同构(仅和定向有关)

$$H^n(\xi_b,\xi_b-0)\xrightarrow{\cong}H^n(\mathbf{R}^n,\mathbf{R}^n-0).$$

设 $u_1\in H^1(\mathbf{R},\mathbf{R}-0)$ 为标准生成元并令 $u_n=u_1\times\cdots\times u_1$. 则有唯一元素 $U_b\in H^n(\xi_b,\xi_b-0)$ 在上面的同构下和 $u_n$ 相对应，我们称它为纤维 $\xi_b$ 的定向类.

令 $E=E(\xi)$ 表示 $\xi$ 的全空间，$E_0=E_0(\xi)$ 表示 $E(\xi)$ 关于零截面的余空间. 则下面的同态

$$H^i(B)\otimes H^j(E,E_0)\xrightarrow{\pi^*\otimes 1}H^i(E)\otimes H^j(E,E_0)\xrightarrow{\cup}H^{i+j}(E,E_0)$$

给出分次环 $H^*(E,E_0)$ 一个左 $H^*(B)$-模结构.

**定理 9.2.** 设 $\xi$ 是空间 $B$ 上的定向向量丛. 则存在唯一的上同调类 $U\in H^n(E,E_0)$，使得

(i) $U$ 在每一纤维 $\xi_b$ 上的限制恰为 $U_b \in H^n(\xi_b, \xi_b - 0)$,

(ii) 映射

$$\Phi: H^i(B) \to H^{i+n}(E, E_0), \ \Phi(x) = \pi^*(x) \cup U$$

是一个同构.

证. 如果 $\pi: E \to B$ 是 $n$ 维平凡向量丛,则

$$(E, E_0) = (B \times \mathbf{R}^n, B \times (\mathbf{R}^n - 0)),$$

根据(9.1),定理成立. 事实上,在这种情形, $U = 1 \times u_n$.

设 $B = B^1 \cup B^2$ 是两个开集之并,而且定理对 $E^i = E|B^i$, $E^{12} = E|B^1 \cap B^2$ 成立. 考察 Mayer-Vietoris 正合序列

$$0 = H^{n-1}(E^{12}, E_0^{12}) \to H^n(E, E_0) \to$$
$$H^n(E^1, E_0^1) \oplus H^n(E^2, E_0^2) \to H^n(E^{12}, E_0^{12}).$$

根据 $U^i$, $U^{12}$ 的唯一性,它们在 $H^n(E^{12}, E_0^{12})$ 中的像相等, 从而存在唯一 $U \in H^n(E, E_0)$ 使得它在 $H^n(E^i, E_0^i)$ 中的像恰为 $U^i$.

考察横向序列正合的交换图

$$\begin{array}{ccc} \cdots \to H^{n+i-1}(E^{12}, E_0^{12}) & \to & H^{n+i}(E, E_0) \to \\ \cong\uparrow & & \uparrow\Phi \\ & \to H^{n+i}(E^1, E_0^1) \oplus H^{n+i}(E^2, E_0^2) \to \cdots & \\ & \cong\uparrow & \\ \cdots \to H^{i-1}(B^1 \cap B^2) & \to & H^i(B) \to \\ & \to H^i(B^1) \oplus H^i(B^2) \to \cdots, & \end{array}$$

其中垂直同态分别是

$$\pi^*(-) \cup U^{12}, \ \pi^*(-) \cup U \ \text{和} \ \pi^*(-) \cup U^1 \oplus \pi^*(-) \cup U^2.$$

根据 5-引理可知, $\Phi = \pi^*(-) \cup U$ 是一个同构.

如果 $B$ 紧致,重复上面的过程可以归纳地证明(9.2). 对于非紧致空间 $B$,则需要利用极限过程. 细节请参阅 [$MS$, § 10]. ▮

定理 9.2 中的上同调类 $U = U(\xi)$ 通常称为 $\xi$ 的 Thom 类. 它依赖于定向的取法. 当定向改变时,它前面应添加负号.

已知两丛 $\xi \to B$; $\xi' \to B'$, 可以定义它们的笛卡儿积 $\xi \times \xi' \to B \times B'$. 相应地

$$(E(\xi \times \xi'), E_0(\xi \times \xi')) = (E(\xi), E_0(\xi)) \times (E(\xi'), E_0(\xi')),$$

于是我们有

**引理 9.3.** $U(\xi\times\xi')=U(\xi)\times U(\xi')$.

证. 根据(9.2)中唯一性的断言以及标准生成元方程

$$u_n\times u_m=u_{n+m},$$

即可得证.

**定义 9.4.** 设 $\xi=(E,\pi,B)$ 是一个 $n$ 维定向向量丛. 称

$$e(\xi)=\sigma^*(U(\xi))\in H^n(B)$$

为 $\xi$ 的 Euler 类. 这里 $\sigma: B\to E$ 是零截面映射.

从交换图

$$\begin{array}{ccc} H^n(E,E_0)\otimes H^n(E,E_0) & \xrightarrow{j^*\otimes 1} & H^n(E)\otimes H^n(E,E_0) \\ \cup\searrow & & \swarrow\cup \\ & H^{2n}(E,E_0) & \end{array}$$

可知

$$(9.5)\qquad \Phi(e(\xi))=U(\xi)\cup U(\xi).$$

容易证明如下公式

(9.6)
(i) $e(f^*(\xi))=f^*(e(\xi))$, (自然性),
(ii) $e(\xi\oplus\xi')=e(\xi)\cup e(\xi')$,(乘积性质),
(iii) 如果 $\xi$ 具有非零截面, $e(\xi)=0$.

**命题 9.7.** (Gysin 序列) 设 $\xi=(E,\pi,B)$ 是一个 $n$ 维定向向量丛,则有正合序列

$$\cdots\to H^i(B)\xrightarrow{\cup e(\xi)}H^{i+n}(B)\xrightarrow{\pi^*}H^{i+n}(E_0)\to H^{i+1}(B)\to\cdots.$$

证. 在空间对 $(E,E_0)$ 的上同调正合序列中,用同构

$$\pi^*: H^i(B)\xrightarrow{\cong}H^i(E),$$

$$\Phi: H^i(B)\xrightarrow{\cong}H^{i+n}(E,E_0),$$

分别替换 $H^*(E)$ 和 $H^*(E,E_0)$. ∎

**附注 9.8.** 如果用 $\mathbf{Z}_2$ 做为上同调系数环,则不需要任何可定向性的条件,定理 9.2 成立,这是由于 $H^n(\xi_b,\xi_b-0;\mathbf{Z}_2)\cong\mathbf{Z}_2$ 具有唯一生成元. 因此我们总可以定义 Euler 类 $e_2(\xi)\in H^n(B;$

$\mathbf{Z}_2$)，并且有相当于(9.6),(9.7)的结论.

考虑射影空间 $\mathbf{RP}^n$, $\mathbf{CP}^n$ 和 $\mathbf{HP}^n$. 它们分别是 $\mathbf{R}^{n+1}$, $\mathbf{C}^{n+1}$ 和 $\mathbf{H}^{n+1}$ 中通过原点的实,复以及四元数直线构成的拓扑空间.它们各自承载典型线丛 (6.3)

$$\mathbf{R}^1 \to \nu_{\mathbf{R}} \to \mathbf{RP}^n$$
$$\mathbf{C}^1 \to \nu_{\mathbf{C}} \to \mathbf{CP}^n$$
$$\mathbf{H}^1 \to \nu_{\mathbf{H}} \to \mathbf{HP}^n.$$

根据(9.4),我们有相应的 Euler 类

$$e(\nu_{\mathbf{R}}) \in H^1(\mathbf{RP}^n, \mathbf{Z}_2)$$
$$e(\nu_{\mathbf{C}}) \in H^2(\mathbf{CP}^n, \mathbf{Z})$$
$$e(\nu_{\mathbf{H}}) \in H^4(\mathbf{HP}^n, \mathbf{Z}).$$

当然在后两种情形需要讨论 $\nu_{\mathbf{C}}$ 和 $\nu_{\mathbf{H}}$ 的承载实丛（维数分别是 2 和 4）的可定向性.

一个复向量空间任意基底的选取 $(v_1, \cdots, v_n)$ 都决定了其承载实向量空间的一个定向,即实基底 $(v_1, iv_1, \cdots, v_n, iv_n)$ 决定的定向. 由于复基底的任一置换都决定相应实基底的偶置换,上述定向和复基底的选取无关. 因此一个复向量空间产生唯一的定向实向量空间. 对于向量丛的情形也有类似的结论: **任何复向量丛所承载的实向量丛都具有一个规范定向.**

**推论 9.9.** 存在环同构

(i) $H^*(\mathbf{RP}^n, \mathbf{Z}_2) = \mathbf{Z}_2[e]/\langle e^{n+1}\rangle$, $\deg e = 1$,

(ii) $H^*(\mathbf{CP}^n, \mathbf{Z}) = \mathbf{Z}[e]/\langle e^{n+1}\rangle$, $\deg e = 2$,

(iii) $H^*(\mathbf{HP}^n, \mathbf{Z}) = \mathbf{Z}[e]/\langle e^{n+1}\rangle$, $\deg e = 4$,

其中等式右端都是截顶多项式代数 ($\langle e^{n+1}\rangle = e^{n+1}$ 生成的理想).

证. 上面的推论可作为 Gysin 序列的应用. 我们以证明情形 (ii) 为例. $E_0(\nu_{\mathbf{C}}) = \mathbf{C}^{n+1} - 0 \simeq S^{2n+1}$, 根据(9.7),关于 $e(\nu_{\mathbf{C}})$ 的上积产生同构

$$H^0(\mathbf{CP}^n) \cong H^2(\mathbf{CP}^n) \cong \cdots \cong H^{2n}(\mathbf{CP}^n),$$
$$0 = H^{-1}(\mathbf{CP}^n) \cong H^1(\mathbf{CP}^n) \cong \cdots \cong H^{2n+1}(\mathbf{CP}^n).$$

又由于 $\mathbf{CP}^n$ 是 $2n$ 维流形,当 $i > 2n$ 时, $H^i(\mathbf{CP}^n) = 0$. 其他情

形类似.

已知复向量丛 $\xi=(E,\pi,B,\mathbf{C}^{n+1})$，我们可以构造与其相配的射影丛

$$\mathbf{CP}^n\to\mathbf{P}(\xi)\xrightarrow{p}B,$$

它的纤维是 $\xi$ 的纤维 $\mathbf{C}^{n+1}$ 中所有复直线所构成的复射影空间.令 $P(\xi)$ 为与 $\xi$ 相配的主 $G=GL_{n+1}(\mathbf{C})$ 丛(见 §5)，则

$$\xi=P(\xi)\times_G\mathbf{C}^{n+1},\ \mathbf{P}(\xi)=P(\xi)\times_G\mathbf{CP}^n.$$

其中 $G=\mathrm{GL}_{n+1}(\mathbf{C})$ 以通常的方式作用于空间 $\mathbf{C}^{n+1}$ 和 $\mathbf{CP}^n$.

$\mathbf{P}(\xi)$ 上有一个再生 (Tautological) 复线丛

$$\nu_1(\xi)=\{(L,v)\,|\,L\in\mathbf{P}(\xi),\ v\in L\}.$$

它是自然投射 $p:\mathbf{P}(\xi)\to B$ 拉回丛 $p^*(\xi)$ 的子丛.

借助于同态 $p^*:H^*(B)\to H^*(\mathbf{P}(\xi))$，$H^*(\mathbf{P}(\xi))$ 可看做 $H^*(B)$-模,更进一步我们有

**命题 9.10.** 对复向量丛 $\xi=(E,\pi,B,\mathbf{C}^{n+1})$，$H^*(\mathbf{P}(\xi))$ 是以 $1,\ e(\nu_1(\xi)),\cdots,e(\nu_1(\xi))^n$ 为基底的自由 $H^*(B)$-模.

证. 类似于定理 (9.2) 的证明. 如果 $\xi=B\times\mathbf{C}^{n+1}$ 是平凡丛,则 $\mathbf{P}(\xi)=B\times\mathbf{CP}^n$. 根据(2.12),命题成立. 当空间 $B$ 紧致时,取 $B$ 的开覆盖 $\{B_\alpha\}$ 使 $\xi|B_\alpha$ 平凡,利用 Meyer-Vietoris 序列可归纳地得到命题. 对于非紧致空间 $B$，证明要用到极限过程. 细节留给读者. ▮

**推论 9.11.** (分裂原理) 设 $\xi$ 是空间 $B$ 上的复向量丛. 存在空间 $A$ 以及映射 $f:A\to B$，使得

(i) $f^*(\xi)$ 是复线丛的直和;

(ii) $f^*:H^*(B)\to H^*(A)$ 是单同态.

证. 令 $A_1=\mathbf{P}(\xi)$. 则 $p^*:H^*(B)\to H^*(A_1)$ 是单同态,并且 $p^*(\xi)=\nu_1(\xi)\oplus\xi_1$. 这里 $\xi_1$ 是 $\nu_1(\xi)$ 在 $p^*(\xi)$ 中的补丛. 若 $\dim_{\mathbf{C}}\xi>2$，令

$A_2=\mathbf{P}(\xi_1)$，$p_2:A_2\to A_1$ (自然投影)，则

$$p_2^*p^*(\xi)=p_2^*\nu_1(\xi)\oplus\nu_1(\xi_1)\oplus\xi_2.$$

注意 $\dim_{\mathbf{C}}\xi$ 有限，有限次重复上面的手续就可得到所需要的结论. ∎

在其他上同调理论（广义上同调）中，也有 Thom 同构 $\Phi$ 的对应. 这里我们对最有兴趣的 $K$-理论的情形，做简要的描写.

设 $\xi$ 是一个复向量丛. 在 $\xi$ 上取定一个 Riemann 度量. 用 $DE$ 和 $SE$ 分别表示 $\xi$ 关于这个度量的单位圆盘丛和单位球面丛. 则空间对 $(E, E_0)$ 同伦等价于 $(DE, SE)$. 因此有 $H^*(E, E_0) = H^*(DE, SE)$.

下面我们在空间 $B$ 是紧致的假定下，讨论 Thom 同构在 $K$-理论中的变体. 此时 $(DE, SE)$，是紧致空间对.

我们需要定义对群 $K(X, A)$ 使得序列

$$K(X, A) \xrightarrow{j^*} K(X) \xrightarrow{i^*} K(A) \tag{9.12}$$

正合 $K(X, A)$（这里如同 6.，$K = K_{\mathbf{C}}$）. 根据定义，群 $K(X)$ 的元素具有形式 $\{\xi\} - \{\eta\}$，其中 $\xi$，$\eta$ 是空间 $X$ 上的复向量丛；而 $i^*(\{\xi\} - \{\eta\}) = 0$，当且仅当 $\xi$ 和 $\eta$ 在 $A$ 上同构. 反之，任一同构 $\xi|A \to \eta|A$ 都可以扩张为某个保持纤维的线性映射 $\varphi: \xi \to \eta$. 所以很自然地，我们定义 $K(X, A)$ 的元素为三元组 $(\xi, \eta, \varphi)$ 的等价类，并要求 $\varphi|A: \xi|A \to \eta|A$ 是同构.

我们来把上面的叙述严格化. 两个三元组 $(\xi_0, \eta_0, \varphi_0)$ 和 $(\xi_1, \eta_1, \varphi_1)$ 叫做同伦的，如果存 $(X \times I, A \times I)$ 上的三元组，它在 $t = 0, 1$ 处的限制分别为 $(\xi_0, \eta_0, \varphi_0)$ 和 $(\xi_1, \eta_1, \varphi_1)$. 用 $\mathscr{C}(X, A)$ 表示这样的三元组同伦类所成集合，形如 $(\xi, \xi, \mathrm{id})$ 的元素构成子集 $\mathscr{C}_\varphi(X, A) \subset \mathscr{C}(X, A)$. 定义

$$K(X, A) = \mathscr{C}(X, A)/\mathscr{C}_\varphi(X, A).$$

参阅文献 [A]，[AS]. 同态 $j^*: K(X, A) \to K(X)$ 把元素 $\{\xi, \eta, \varphi\}$ 映到 $\{\xi\} - \{\eta\}$.

用 $\widetilde{K}$ 表示约化 $K$-理论，即

$$\widetilde{K}(B) = \mathrm{Ker}(K(B) \to K(*)),$$

括号里的同态是含入映射 $* \in B$ 的诱导同态. 则可以证实如下切

除关系

$$K(X, A) \cong \widetilde{K}(X/A).$$

约化群和非约化群之间有如下关系

$$K(B) \cong \widetilde{K}(B) \oplus K(*) \cong \widetilde{K}(B) \oplus \mathbf{Z},$$

其中第一个同构由常值映射 $B \to *$ 诱导，而维数函数自然地建立同构 $K(*) \cong \mathbf{Z}$. 函子 $\widetilde{K}$ 具有枚举拓扑空间上复向量丛稳定等价类 $\{\xi\}_s$ 的功能. 空间 $B$ 上两个向量丛 $\xi, \eta$ 称为**稳定等价**的 $\{\xi\}_s = \{\eta\}_s$, 当且仅当存在一对平凡丛 $\varepsilon'$ 和 $\varepsilon'$, 使得

$$\xi \oplus \varepsilon' = \eta \oplus \varepsilon'.$$

商空间 $DE/SE$ 叫做从 $\xi = (E, \pi, B, \mathbf{C}^n)$ 的 Thom 空间,通常记做 $T(\xi)$ 或 $B^\xi$. 如果 $\xi$ 是 $n$ 维平凡丛,则

$$T(\xi) = B_+ \wedge S^{2n},$$

其中 $B_+ = B \amalg \{*\}$. 当 $B$ 紧致时(正如我们所设),则 $T(\xi)$ 同胚于 $E = E(\xi)$ 的一点紧致化. 从上面的讨论中,我们得到

$$\widetilde{K}(T(\xi)) = K(DE, SE).$$

张量积 $K(X) \otimes K(X, A) \to K(X, A)$ 在群 $K(X, A)$ 上定义了一个 $K(X)$-模结构. 在这种意义下,(9.12)中的同态 $j^*$ 是一个 $K(X)$-模同态. 特别地,对于空间对 $(X, A) = (DE, SE)$, 由于映射 $\pi: DE \to B$ 诱导同构 $K(B) = K(DE)$, $K(DE, SE)$ 实际上是一个 $K(B)$-模.

现在我们来定义 Thom 类 $\lambda_\xi \in K(DE, SE)$. 考虑 $\xi$ 的第 $p$ 阶外幂丛 $\Lambda^p(\xi)$ 以及它在 $DE$ 上的拉回丛

$$\pi^* \Lambda^p(\xi) = \{(e, v) \mid e \in DE,\ v \in \Lambda^p(\xi_{\pi(e)})\}.$$

设 $e \in DE$ 满足 $\pi(e) = b$, 则关于 $e$ 的外积定义一个线性映射

$$F_e: \Lambda^p(\xi_b) \to \Lambda^{p+1}(\xi_b).$$

我们一直假定丛 $\xi$ 具有度量,这样每个外幂丛 $\Lambda^p(\xi)$ 都具有诱导度量,所以 $F_e$ 具有伴随同态

$$F_e^*: \Lambda^{p+1}(\xi_b) \to \Lambda^p(\xi_b).$$

然而,根据 § 3 习题 1° 和 2°, $(F_e + F_e^*)^2$ 等价于用数 $\|e\|^2$ 做标

量积．令

$$\Lambda^{ev}(\xi)=\Sigma^{\oplus}\Lambda^{2p}(\xi),\ \Lambda^{odd}(\xi)=\Sigma^{\oplus}\Lambda^{2p+1}(\xi).$$

我们得到丛映射

$$\varphi=F+F^*:\ \pi^*\Lambda^{ev}(\xi)\to\pi^*\Lambda^{odd}(\xi).$$

它在零截面以外，特别在 $SE$ 上，是一个同构，因此决定一个元素

(9.14) $\lambda_\xi=[\pi^*\Lambda^{ev}(\xi),\ \pi^*\Lambda^{odd}(\xi);\ F+F^*]\in K(DE,SE).$

类似于定理(9.2)，我们有

**定理 9.15.** 关于 $\lambda_\xi$ 的乘积诱导同构

$$\Phi:\ K(B)\to K(DE,SE),\ \Phi(X)=\lambda_\xi\cdot X.\ \blacksquare$$

证明参见文献 [A].

有了 Thom 类 $\lambda_\xi$，我们得到相应的 Euler 类

$$e_K(\xi)=\sigma^*(\lambda_\xi).$$

利用上面的记号，它可以表示为

$$(9.16)\qquad e_K(\xi)=[\Lambda^{ev}(\xi)]-[\Lambda^{odd}(\xi)]=\sum_{i=0}^{n}(-1)^i\lambda^i([\xi]).$$

$K$-理论中的 Thom 同构为计算稳定复 Grassmann 流形的同伦群提供了可能性．考虑复向量丛分类空间的自然含入序列

$$\cdots\subset G_n(\mathbf{C}^\infty)\subset G_{n+1}(\mathbf{C}^\infty)\subset\cdots,$$

用 $BU$ 表示无限并 $\bigcup_{n=1}^{\infty}G_n(\mathbf{C}^\infty)$ 赋以极限拓扑所构成的拓扑空间． 这里含入映射 $G_n(\mathbf{C}^\infty)\subset G_{n+1}(\mathbf{C}^\infty)$ 恰是从 $\nu_n(\mathbf{C}^\infty)\oplus\varepsilon^1$ 的分类映射．

**定理 9.17.** 设 $X$ 是紧致拓扑空间，则

$$\widetilde{K}(X)\cong[X,BU].$$

证．根据 (6.6)，每一个 $n$ 维向量丛 $\xi\to X$ 决定同伦集 $[X,G_n(\mathbf{C}^\infty)]$ 中的一个元素，进而通过嵌入 $G_n(\mathbf{C}^\infty)\subset BU$ 决定 $[X,BU]$ 中的一个元素． 由于从 $\xi$ 和 $\xi\oplus\varepsilon'$ 按上述过程决定 $[X,BU]$ 中相同的元素，我们得到一个定义合理的映射

{空间 $X$ 上向量丛的稳定同伦类} $\to[X,BU]$．反之，由于 $X$ 紧致，对每个映射 $f:X\to BU$，存在正整数 $m$，使得 $f(X)\subset$

$G_m(\mathbf{C}^\infty) \subset BU$. 它决定向量丛 $\eta = f^*(\nu_m(\mathbf{C}^\infty))$ 以及元素 $\{\eta\}_s \in \widetilde{K}(X)$. 易见 $\{\eta\}_s$ 和满足条件 $f(X) \subset G_m(\mathbf{C}^\infty)$ 的整数 $m$ 的选取无关. ∎

$2n$ 维球面 $S^{2n}$ 是平凡丛 $\mathbf{C}^n \to *$ 的 Thom 空间,根据(9.15)和(9.17),我们有

$$[S^{2n}, BU] \cong K(*) \cong \mathbf{Z}.$$

而平凡丛 $S^1 \times \mathbf{C}^n \to S^1$ 及其 Thom 空间

$$T(S^1 \times \mathbf{C}^n) = S^1_+ \wedge S^{2n} = S^{2n+1} \vee S^{2n}$$

则表明

$$\widetilde{K}(S^{2n+1}) \cong \widetilde{K}(S^1).$$

**引理 9.18.** $\widetilde{K}(S^1) = 0$.

证. 用 $S^1$ 表示为上半和下半圆周之并 $S^1 = D^1_+ \cup D^1_-$. 设 $\xi$ 是 $S^1$ 上的向量丛,则 $\xi | D^1_+$ 和 $\xi | D^1_-$ 平凡. 设

$$h_\pm : \xi | D^1_\pm \to D^1_\pm \times \mathbf{C}^n$$

是它们的平凡化. 在交空间 $S^0 = D^1_+ \cap D^1_-$ 上, $h_+ \circ h_-$ 是 $S^0 \times \mathbf{C}^n$ 的自同构,从而我们定义一个映射

$$h_0 : S^0 \to \mathrm{GL}_n(\mathbf{C}).$$

反之,对每个映射 $h: S^0 \to GL_n(\mathbf{C})$, 按 $h$ 粘合 $D^1_+ \times \mathbf{C}^n$ 和 $D^1_- \times \mathbf{C}^n$ 的边界产生 $S^1$ 上一个丛 $\eta(h)$

$$E(\eta) = D^1_+ \times \mathbf{C}^n \cup_{h_0} D^1_- \times \mathbf{C}^n.$$

同理,从 $h_0$ 到 $h_1$ 的同伦 $h_t$ 决定 $S^1 \times I$ 上一个向量丛, 它在两端的限制恰是 $\eta(h_0)$ 和 $\eta(h_1)$. 因此 $\eta(h_0) \cong \eta(h_1)$, 参见 (6.4) 的证明.

$\mathrm{GL}_n(\mathbf{C})$ 连通, 每个映射 $h_0 : S^0 \to \mathrm{GL}_n(\mathbf{C})$ 都同伦于以 $\mathrm{id} \in \mathrm{GL}_n(\mathbf{C})$ 为象的常值映射. 由于这样的常值映射决定平凡丛 $\varepsilon^n = \eta(\mathrm{id})$, 所以 $S^1$ 上的任何一个向量丛都平凡. ∎

至此,我们证实: (9.15)包含着如下结论

**推论 9.19.** $[S^{2n}, BU] = \mathbf{Z}$, $[S^{2n+1}, BU] = 0$. ∎

这就是著名的 R. Bott 周期定理,它是拓扑 $K$-理论的起点.

对于可定向的实向量丛,一般没有相应的 Thom 同构, 这是

因为可能出现2阶挠率．设 $\mathbf{Z}\left[\frac{1}{2}\right]\subset\mathbf{Q}$ 是所有形如 $\frac{a}{2^n}$, $a\in\mathbf{Z}$ 的分式所组成的子环，令

$$K\left(X;\ \mathbf{Z}\left[\frac{1}{2}\right]\right)=K(X)\otimes\mathbf{Z}\left[\frac{1}{2}\right]$$

(这里 $K=K^{\mathbf{R}}$)．则我们仍然有类似于 Thom 同构的结论：

如果 $\xi$ 是一个定向实向量丛，则存在元素 $\Delta_\xi\in K\left(T(\xi);\ \mathbf{Z}\left[\frac{1}{2}\right]\right)$，使得 $\Phi(X)=\pi^*(X)\cdot\Delta_\xi$ 建立同构

(9.20) $$\Phi:\ K\left(B;\ \mathbf{Z}\left[\frac{1}{2}\right]\right)\xrightarrow{\cong}K\left(T(\xi);\ \mathbf{Z}\left[\frac{1}{2}\right]\right).$$

特别地，如果 $\xi$ 是某一个复向量丛的承载实向量丛，则可取

$$\Delta_\xi=\lambda_\xi\cdot\pi^*(\lambda_1(\xi\oplus\xi^*)).$$

最后，我们对上同调中的 Euler 类稍加一些注记．设 $M$ 是一个闭流形(紧致，无边)，并且可定向 (即切丛 $TM$ 是可定向实丛)．则存在同调类 (叫做定向类) $[M]\in H_n(M;\mathbf{Z})$，使得2.中引入的卡积诱导同构

(9.21) $\cap[M]:\ H^r(M;\mathscr{k})\to H_{n-r}(M;\mathscr{k})$ (对任意 $\mathscr{k}$)．

这个事实的证明分散在本节末尾的几个习题中．

定义 $M$ 的 Euler 示性数为

(9.22) $$\chi(M)=\sum_{i=0}^{n}(-1)^i\dim H^i(M;\mathbf{Q}).$$

根据(9.20)，当 $M$ 的维数是奇数时，$\chi(M)=0$．至于偶数维情形，我们有

**定理 9.23.** 设 $M$ 是偶数维可定向闭流形，则

$$\chi(M)=\langle e(TM),\ [M]\rangle.\ ▮$$

证明请参阅 [$MS$] 和 11．

## 习　　题

1. 证明关系式 (9.6)．

2. 已知流形 $X$ 以及它的闭子流形 $M \subset X$. 在切丛 $TX$ 上取定一个度量，令 $\nu = \nu(M, X)$ 是 $TM$ 在 $TX$ 中的法丛. 管状邻域定理断言，在 $X$ 中存在全空间 $E(\nu)$ 到 $M$ 的某个邻域的同胚 $f$ 使得下图可交换

$$\begin{array}{ccc} E(\nu) & \xrightarrow{f} & X \\ {\scriptstyle\sigma}\nwarrow & & \nearrow{\scriptstyle i} \\ & M & \end{array},$$

其中 $\sigma$ 是零截面映射，$i$ 是自然含入.

根据切除定理，$H^*(X, X-M) \cong H^*(E(\nu), E_0(\nu))$. 所以，如果 $\nu$ 可定向，它的 Thom 类可看做某个上同调类 $U' \in H^k(X, X-M)$，这里 $k$ 是 $M$ 在 $X$ 中的余维数.

证明 $U'$ 在复合同态

$$H^k(X, X-M) \to H^k(X) \to H^k(M)$$

下的象恰是 Euler 类 $e(\nu) \in H^k(M)$.

注意从 $TM$, $TX|M$ 和 $\nu(M, X)$ 中任何两个可定向都蕴含第三者可定向.

3. 设 $M$ 是 Riemann 流形. 在丛 $T(M \times M) = TM \times TM$ 上规定度量

$$\langle (u, v), (u', v') \rangle = \langle u, u' \rangle + \langle v, v' \rangle.$$

证明对角子流形 $\Delta \subset M \times M$ 的法丛同构于 $TM$.

设 $TM$ 可定向. 证明 $U' \in H^n(M \times M, M \times M - \Delta)$ 在同态

$$j_x^*: H^*(M \times M, M \times M - \Delta) \to H^*(M, M - x)$$

下的像是 $H^n(M, M-x)$ 的生成元. 其中映射

$$j_x: (M, M-x) \to (M \times M, M \times M - \Delta)$$

定义为 $j_x(m) = (x, m)$.

4. 设 $M$ 是可定向流形. $\mu_x \in H_n(M, M-x)$ 是满足 $\langle j_x^*(U'), \mu_x \rangle = 1$ 的唯一同调类.

设 $D$ 是 $x$ 的一个圆盘邻域. 证明存在同调类 $\mu_D \in H_n(M, M-D)$，使得对任何 $y \in D$，含入映射 $i: (M, M-D) \to (M,$

$M-y$) 满足 $i^*(\mu_D)=\mu_y$.

模仿(9.2)，归纳地证明对每个可定向闭流形 $M$，存在唯一同调类

$$\mu=[M]\in H_n(M),$$

它在同态 $H_n(M)\to H_n(M,M-x)$ 下的像恰是 $\mu_x$.

类似地，对任何紧致子集 $K\subset M$，存在同调类 $\mu_K\in H_n(M, M-K)$，使得对每个 $x\in K$，$\mu_K\to\mu_x$.

5. 用 $S_c^*(M)\subset S^*(M;\mathbf{Z})$ 表示这样的上链子复形，其中的元素在$M$的某个紧子集的余集上为零. 用 $H_c^*(M)$ 表示 $S_c^*(M)$ 诱导的同调群，它称为$M$的具有紧支集的奇异上同调(参见8.，习题4).

证明 $H_c^i(M)=\varinjlim_K H^i(M,M-K)$，$K\subset M$ 紧致.

设$M$是一个 $n$ 维定向流形. 定义同态

$$D_K: H^i(M,M-K)\to H_{n-i}(M)$$

$$D_K(a)=a\cap\mu_K.$$

其中$K\subset M$紧致，$\mu_K\in H_n(M,M-K)$ 见习题4.

证明 $D_K$ 诱导一个同态

$$D: H_c^i(M)\to H_{n-i}(M).$$

证明当 $M=\mathbf{R}^n$ 时，$D$是同构. 设$M$紧致(此时 $H_c^i(M)=H^i(M)$)，类似于(9.2)归纳地证明$D$是同构. 这即是 Poincaré 对偶定理.

设 $k$ 是一个域，并且$M$紧致. 证明

$$b: H^i(M;k)\otimes H^{n-i}(M;k)\to k$$

$$b(x,y)=\langle x\cup y,[M]\rangle$$

是一个非退化配对运算.

对于 De Rham 上同调，配对运算 $b$ 则由下式给出

$$B: H_{dR}^i(M)\otimes H_{dR}^{n-i}(M)\to\mathbf{R},\ (M\ 紧致)$$

$$B([\omega],[\varphi])=\int_M\omega\wedge\varphi.$$

证明$B$非退化. 参见文献 [BT]，p.45.

## 10. 连络和曲率

本节我们将把 de Rham 复形(3.18)推广到向量丛的情形

$$(10.1)\qquad 0\to\Omega^0(\xi)\xrightarrow{d^\nabla}\Omega^1(\xi)\to\cdots\to\Omega^n(\xi).$$

它是一个在光滑向量丛 $\xi=(E,\pi,M;\mathbf{C}^n)$ 中取值的 $i$ 阶微分式的同态序列(不一定是链复形).

为了简便起见，我们仅讨论复向量丛和复系数的情形．做为例子，我们有

$$\Omega^0(M)=C^\infty(M,\mathbf{C}),\ \Omega^i(M)=\Gamma^\infty(\Lambda^i(T^*M_{\mathbf{C}})).$$

此处 $T^*M_{\mathbf{C}}=\mathrm{Hom}_{\mathbf{R}}(TM,\mathbf{C})$ 是余切丛的复化．自然，对于实向量丛和实系数的情形，也有一套完全类似的处理．

(10.1) 中每个具体项的定义如下

$$(10.2)\qquad \Omega^i(\xi)=\Gamma^\infty(\xi\otimes_{\mathbf{C}}\Lambda^iT^*M_{\mathbf{C}})\cong\Omega^0(\xi)\otimes_{\Omega^0(M)}\Omega^i(M),$$

其中第二个同构是(5.14)在复情形的形式.

显然(10.1)中的同态 $d^\nabla$ 要涉及微分的概念．也就是说，对于流形 $M$ 上的任何一个向量场 $X$，我们需要描写 $\xi$ 的截面沿方向 $X$ 的**方向导数**

$$d_X:\ \Omega^0(\xi)\to\Omega^0(\xi).$$

利用同构(5.9)，我们可以把 $\xi$ 的光滑截面转化为定义在和 $\xi$ 相配的主丛上，关于群 $G=\mathrm{GL}_n(\mathbf{C})$ 等变的函数

$$(10.3)\qquad \Omega^0(\xi)\xrightarrow{\cong}\mathrm{Hom}_G(P(\xi),\mathbf{C}^n).$$

具体地说，它把截面 $\varphi\in\Omega^0(\xi)$ 联系到 $\varphi^*:P(\xi)\to\mathbf{C}^n$, $\varphi^*(u)=u^{-1}\varphi(\pi(u))$．反之，给定一个函数 $\phi^*\in\mathrm{Hom}_G(P(\xi),\mathbf{C}^n)$，存在一个截面 $\varphi\in\Omega^0(\xi)$, $\varphi(x)=u\phi^*(u)$, $u\in\pi^{-1}(x)$，它在上面的同构下与之相应.

对于每一点 $u\in P(\xi)$，存在切空间正合序列

$$(10.4) \qquad 0 \to T_1 G \xrightarrow{l_u} T_u P(\xi) \xrightarrow{\pi_u} T_{\pi(u)} M \to 0,$$

其中 $1 \in G$ 是单位矩阵；$T_1 G = gl_n(\mathbf{C})$ 是所有 $n \times n$ 阶复矩阵所成空间；$l_u$ 是纤维含入 $L_u$: $G \to P(\xi)$，$L_u(g) = ug$ 在 $g = 1$ 处的切映射，而 $\pi_u$ 则是自然投射 $\pi$: $P(\xi) \to M$ 在 $u \in P(\xi)$ 处的切映射.

群 $G$ 右作用于空间 $P(\xi), R_g$: $P(\xi) \to P(\xi)$，$g \in G$；进而右作用于切丛 $(R_g)_*$: $TP(\xi) \to TP(\xi)$.

通过伴随表示

$$(A, g) \to g^{-1}Ag = Ad_{g^{-1}}(A),$$

群 $G$ 又右作用于它的李代数 $T_1 G$. (10.4) 中的映射 $l$ 在下述意义下保持这些作用

$$l_{ug}(Ad_{g^{-1}}(A)) = (R_g)_* l_u(A).$$

我们知道如何计算定义在 $P(\xi)$ 上的函数沿方向 $X^* \in T_u P(\xi)$ 的微分. 这样，如果给定 (10.4) 中 $\pi_u$ 一个截面，则我们可以讨论 $P(\xi)$ 上的函数沿 $X \in T_{\pi(u)} M$ 的微分. 但是从整体看来，自然投射 $\pi$: $P(\xi) \to M$ 并不一定存在截面（参考习题 1°）. 实际上我们发现对 $l_u$ 选取截面更为方便.

**定义 10.5.** 定义 $P(\xi)$ 上的，在李代数 $T_1 G = gl_n(\mathbf{C})$ 中取值的 1 次微分式 $\omega \in \Omega^1(P(\xi), gl_n(\mathbf{C}))$ 为 $\xi$ 的连络形式，如果它满足如下关系

(i) $\omega_u \circ l_u = \mathrm{id}$.

(ii) $R_g^* \omega = Ad_{g^{-1}} \circ \omega$.

关于连络形式的存在性，请读者参考 [D]. 设 $\omega$ 是丛 $\xi$ 的一个连络形式，我们定义

$$H_u = \{V \in T_u P(\xi) \mid \omega_u(V) = 0\}$$

为 $T_u P(\xi)$ 的水平子空间，而 $l_u$ 的像 $l_u(T_1 G)$ 称为 $T_u P(\xi)$ 的垂直子空间. 这样，对每一个 $\omega$，我们可对正合序列 (10.4) 找到一种分解

$$T_u P(\xi) = H_u \oplus l_u(T_1 G).$$

这个分解式可微地依赖于$u$并且满足关系式

$$H_{ug} = (R_g)_* H_u.$$

于是，对$M$上的任一个向量场 $X$，我们借助于同构 $\pi_u: H_u \to T_{\pi(u)}M$ 可把$X$提升为 $P(\xi)$ 上的唯一向量场 $X^*$，满足关系式

$$X^*_{ug} = (R_g)_* X^*_u.$$

设$\omega$是$\xi$上的连络形式，$X$是$M$上的一个向量场．至此我们可以定义方向导数

$$\nabla_X: \Omega^0(\xi) \to \Omega^0(\xi)$$

如下．对于 $\varphi \in \Omega^0(\xi)$，$\nabla_X(\varphi)$ 在 $x \in M$处取值

$$\nabla_X(\varphi)(x) = u(X^*_u(\varphi^*)). \tag{10.6}$$

此处 $u \in \pi^{-1}(x)$，$X^*_u \in H_u$ 是$\omega$决定的 $X \in T_xM$ 在 $T_uP(\xi)$ 中的唯一提升．

请读者验证 $\nabla_X(\varphi)^*$ 关于$G$在 $P(\xi)$，$C^n$ 上右作用的等变性，从而表达式(10.6)和 $u \in \pi^{-1}(x)$ 的取法无关．注意 $\nabla_X(\varphi)$ 在 $x \in M$处的值仅和向量 $X(x) \in T_xM$ 有关．这样定义的映射 $\nabla_X$ 具有下述性质

$$\begin{aligned}&\text{(i)}\quad \nabla_X(\varphi \cdot f) = \nabla_X(\varphi) \cdot f + \varphi d_X(f),\\ &\text{(ii)}\quad \nabla_{aX+bY}(\varphi) = a\nabla_X(\varphi) + b\nabla_Y(\varphi),\quad a, b \in \mathbf{C},\end{aligned} \tag{10.7}$$

其中 $f \in \Omega^0(M)$，$\varphi \in \Omega^0(\xi)$，$X, Y \in \Gamma^\infty(TM)$，

而 $d_X(f) = X(f)$ 是 $f$ 沿$X$方向的普通方向导数．

从$\xi$的$i$阶微分式的线性空间 $\Omega^i(\xi) = \Omega^0(\xi) \otimes_{\Omega^0(M)} \Omega^i(M)$ 是一个右 $\Omega^0(M)$-模．为了方便起见我们把它的元素 $\varphi \otimes \omega$ 简记做 $\varphi\omega$．此处 $\varphi \in \Omega^0(\xi)$，$\omega \in \Omega^i(M)$．

**定义 10.8.** $\xi$上的连络$\nabla$是一个$\mathbf{C}$-线性映射

$$\nabla: \Omega^0(\xi) \to \Omega^1(\xi),$$

它满足 Leibnitz 法则

$$\nabla(\varphi \cdot f) = (\nabla\varphi) \cdot f + \varphi df, \quad \varphi \in \Omega^0(\xi),\ f \in \Omega^0(M).$$

根据(10.7)，每个连络形式都决定一个连络．反过来可以证明，对于每个连络，都存在一个连络形式与之相应，参见(10.16)和

(11.7).

我们在本节剩下的段落中讨论(10.8)的逻辑推论. 连络形式将不再作用.

外积 $\Omega^i(M)\otimes\Omega^j(M)\xrightarrow{\wedge}\Omega^{i+j}(M)$ 赋于 $\Omega^*(\xi)$ 一个分次右 $\Omega^*(M)$-模结构,利用这个事实我们可以扩张$\nabla$为映射

$$d^\nabla:\ \Omega^i(\xi)\to\Omega^{i+1}(\xi),$$

使得

$$d^\nabla(\varphi\omega_i)=(\nabla\varphi)\omega_i+\varphi(d\omega_i),\quad \varphi\in\Omega^0(\xi),\quad \omega_i\in\Omega^i(M).$$

容易验证 $d^\nabla$ 满足下述引理.

**引理 10.9.** 对于 $\varphi_k\in\Omega^k(\xi)$, $\omega_i\in\Omega^i(M)$,

$$d^\nabla(\varphi_k\omega_i)=(d^\nabla\varphi_k)\omega_i+(-1)^k\varphi_k(d\omega_i),$$

其中 $d$: $\Omega^i(M)\to\Omega^{i+1}(M)$ 是外微分. ■

通常向量丛的构造也适用于带有连络的向量丛的构筑. 设 $\xi$, $\xi'$ 是两个光滑丛, 分别具有连络 $\nabla$, $\nabla'$. 我们来规定丛 $\xi\otimes\xi'$, $\mathrm{Hom}(\xi,\xi')$ 的连络. 根据(5.14),我们有

$$\Omega^0(\xi\otimes\xi')=\Omega^0(\xi)\otimes_{\Omega^0(M)}\Omega^0(\xi')$$

$$\Omega^0(\mathrm{Hom}(\xi,\xi'))=\mathrm{Hom}_{\Omega^0(M)}(\Omega^0(\xi),\Omega^0(\xi')).$$

定义丛 $\xi\otimes\xi'$ 上的连络如下

(10.10) $$\nabla_{\xi\otimes\xi'}(\varphi\otimes\varphi')=\nabla\varphi\otimes\varphi'+\varphi\otimes\nabla'\varphi'.$$

对于一对向量丛 $(\eta,\zeta)$, 根据 (3.9) 可以定义楔积 (Wedge product)

$$\wedge:\ \Omega^i(\eta)\otimes_{\Omega^0(M)}\Omega^j(\zeta)\to\Omega^{i+j}(\eta\otimes\zeta).$$

令 $\eta=\mathrm{Hom}(\xi,\xi')$, $\zeta=\xi$,则将上式复合于赋值映射 $\mathrm{Hom}_{\mathbf{C}}(\xi,\xi')\otimes\xi\to\xi'$ 产生配对运算

$$\wedge:\ \Omega^i(\mathrm{Hom}(\xi,\xi'))\otimes\Omega^j(\xi)\to\Omega^{i+j}(\xi').$$

定义丛 $\mathrm{Hom}(\xi,\xi')$ 上的连络 $\nabla_{\mathrm{Hom}(\xi,\xi')}$, 使其满足关系式

(10.11) $$\nabla'(\phi\wedge s)=\nabla_{\mathrm{Hom}(\xi,\xi')}(\phi)\wedge s+\phi\wedge\nabla s.$$

其中 $\phi\in\Omega^0(\mathrm{Hom}(\xi,\xi'))$, $s\in\Omega^0(\xi)$. 相应的 $d^{\nabla_{\xi\otimes\xi'}}$, $d^{\nabla_{\mathrm{Hom}(\xi,\xi')}}$ 是求导运算,也就是说

$$d^{\nabla_{\xi\otimes\xi'}}(\varphi\otimes\varphi') = d^{\nabla}\varphi\otimes\varphi' + (-1)^{\deg\varphi}\varphi\otimes d^{\nabla'}\varphi'$$

$$d^{\nabla_{\mathrm{Hom}(\xi,\xi')}}(\phi)\wedge s = d^{\nabla'}(\phi\wedge s) - (-1)^{\deg\phi}\phi\wedge d^{\nabla}s.$$

这里 $\varphi\in\Omega^i(\xi)$，$\varphi'\in\Omega^j(\xi')$，而 $\phi\in\Omega^i(\mathrm{Hom}(\xi,\xi'))$，$s\in\Omega^j(\xi)$。以下简记 $\tilde{\nabla}=\nabla_{\mathrm{Hom}(\xi,\xi')}$。

如果 $\xi=\xi'$，迹数映射

$$\mathrm{Tr}:\ \mathrm{Hom}(\xi,\xi)\to\varepsilon_M^1(=M\times\mathbf{C})$$

诱导同态

$$\Omega^*(\mathrm{Hom}(\xi,\xi'))\to\Omega^*(\varepsilon_M^1)=\Omega^*(M).$$

**引理 10.12.** 图表

$$\begin{array}{ccc}\Omega^i(\mathrm{Hom}(\xi,\xi)) & \xrightarrow{d^{\tilde{\nabla}}} & \Omega^{i+1}(\mathrm{Hom}(\xi,\xi))\\ \downarrow\mathrm{Tr} & & \downarrow\mathrm{Tr}\\ \Omega^i(M) & \xrightarrow{d} & \Omega^{i+1}(M)\end{array}$$

可交换。

证. 在自然等价 $\mathrm{Hom}(\xi,\xi)=\xi^*\otimes\xi$ 下，迹数映射相当于赋值映射

$$\langle,\rangle:\ \xi^*\otimes_{\mathbf{C}}\xi\to\varepsilon_M^1,$$

并且 $\nabla_{\xi^*\otimes\xi}=\tilde{\nabla}$. 在(10.11)中令 $\xi'=\varepsilon_M^1$，我们有

$$d\langle\varphi^*,\varphi\rangle=\langle\nabla_{\xi^*}\varphi^*,\varphi\rangle+\langle\varphi^*,\nabla_\xi\varphi\rangle.$$

设 $\omega\in\Omega^i(M)$. 在 $\Omega^*(\xi^*\otimes\xi)$ 中简记 $\varphi^*\otimes\varphi\otimes\omega$ 为 $\varphi^*\varphi\omega$，则

$$d^{\tilde{\nabla}}(\varphi^*\varphi\omega)=\tilde{\nabla}(\varphi^*\varphi)\omega+\varphi^*\varphi d(\omega).$$

所以

$$\begin{aligned}&\langle,\rangle d^{\tilde{\nabla}}(\varphi^*\varphi\omega)\\ &=(\langle,\rangle\tilde{\nabla}(\varphi^*\varphi))\omega+\langle\varphi^*,\varphi\rangle d\omega\\ &=(d\langle\varphi^*,\varphi\rangle)\omega+\langle\varphi^*,\varphi\rangle d\omega\\ &=d(\langle\varphi^*,\varphi\rangle\omega)=d(\mathrm{Tr}(\varphi^*\otimes\varphi)\omega).\ \blacksquare\end{aligned}$$

现在我们已做了充分准备来引入**曲率形式** (curvature form) 这个重要概念。根据(10.10)，复合映射

$$d^\nabla \circ \nabla: \Omega^0(\xi) \to \Omega^2(\xi)$$

是 $\Omega^0(M)$-线性映射. 考虑自然同构

$$\begin{aligned}
&\mathrm{Hom}_{\Omega^0(M)}(\Omega^0(\xi), \Omega^2(\xi)) \\
&\cong \mathrm{Hom}_{\Omega^0(M)}(\Omega^0(\xi), \Omega^0(\xi)) \otimes_{\Omega^0(M)} \Omega^2(M) \\
&\cong \Omega^0(\mathrm{Hom}(\xi, \xi)) \otimes_{\Omega^0(M)} \Omega^2(M) \\
&\cong \Omega^2(\mathrm{Hom}(\xi, \xi)).
\end{aligned}$$

**定义 10.13.** 在上述同构下,元素 $R^\nabla = d^\nabla \circ \nabla \in \Omega^2(\mathrm{Hom}(\xi, \xi))$ 叫做丛 $\xi$ 上连络 $\nabla$ 的曲率.

根据配对

$$\Omega^2(\mathrm{Hom}(\xi, \xi)) \otimes \Omega^i(\xi) \to \Omega^{i+2}(\xi),$$

我们有

**引理 10.14.**

(i) $d^\nabla d^\nabla(\theta) = R^\nabla \wedge \theta$, $\theta \in \Omega^i(\xi)$,

(ii) (Bianchi 恒等式) $d^\nabla R^\nabla = 0$.

证. 设 $\theta = \Sigma \varphi_k \otimes \omega_k$, $\varphi_k \in \Omega^0(\xi)$, $\omega_k \in \Omega^i(M)$. 根据 (10.13), Leibnitz 法则以及 $dd(\omega_k) = 0$ 可知断言 (i) 成立.

断言 (ii) 可做为 (i) 的推论. 事实上对 $s \in \Omega^0(\xi)$, 有

$$\begin{aligned}
d^\nabla(R^\nabla \wedge s) &= d^\nabla(R^\nabla) \wedge s + R^\nabla \wedge \nabla s \\
&= d^\nabla(R^\nabla) \wedge s + d^\nabla d^\nabla(\nabla s) \\
&= d^\nabla(R^\nabla) \wedge s + d^\nabla(R^\nabla \wedge s)
\end{aligned}$$

所以 $d^\nabla(R^\nabla) = 0$. ∎

根据 (10.14) (i), 当且仅当 $R^\nabla = 0$ 时序列 (10.1) 才是链复形. 在这种情形,称连络 $\nabla$ 是**平坦的** (flat). 下面我们将看到,每个丛都有连络. 但是仅有很少一类丛具有平坦连络. 实际上, 一个向量丛具有平坦连络, 当且仅当这个丛的构造群是离散的 (见 [KN]).

或许读者已经注意到 (10.12), (10.14) (ii) 意味 $\mathrm{Tr} R^\nabla$ 是 $M$ 上一个闭的 2 次微分式, 从而在 $H^2_{dR}(M; \mathbf{C})$ 中决定一个元素. 关于这一点, 我们将在下一节详细讨论.

设 $\xi$ 是一个向量丛. $\mathscr{C}_\xi$ 是 $\xi$ 上所有连络组成的空间. 为阐明 $\mathscr{C}_\xi$ 非空，首先我们强调连络的凸组合 $t\nabla_0+(1-t)\nabla_1$ 仍然是连络，所以 $\mathscr{C}_\xi$ 是仿射的. 其次，每个平凡丛都具有连络，方向导数就是一个例子. 最后，借助于单位分解，我们可以把 $\xi|U_\alpha$ 上的连络粘合为 $\xi$ 上一个连络，这里 $\{U_\alpha\}$ 是 $M$ 的一个有限开覆盖，使得 $\xi|U_\alpha$ 平凡.

**引理 10.15.** 对任一连络 $\nabla\in\mathscr{C}_\xi$，有

$$\mathscr{C}_\xi=\{\nabla+\Gamma|\Gamma\in\Omega^1(\mathrm{Hom}(\xi,\xi))\}.$$

证. 任取 $\nabla'\in\mathscr{C}_\xi$，$\nabla'-\nabla$ 是 $\Omega^0(M)$-线性映射，并且

$$\mathrm{Hom}_{\Omega^0(M)}(\Omega^0(\xi),\ \Omega^1(\xi))=\Omega^1(\mathrm{Hom}(\xi,\xi)).$$

反之，若 $\Gamma\in\Omega^1(\mathrm{Hom}(\xi,\xi))$，则 $\nabla+\Gamma$ 是丛 $\xi$ 上一个连络. ▮

## 习　　题

1. 设 $G\to E\xrightarrow{\pi}B$ 是一个主 $G$ 丛. 证明当且仅当 $E$ 是平凡丛时，$\pi$ 有一个截面.

2. 设 $G$ 是一个李群. 常值映射 $G\to *$ 是一个主 $G$ 丛. 对这个丛定义一个连络形式.

3. 设 $\xi$ 是一个具有度量的复向量丛. $\nabla$ 是 $\xi$ 的一个连络. 如果

$$d(\langle\varphi,\psi\rangle)=\langle\nabla\varphi,\psi\rangle+\langle\varphi,\nabla\psi\rangle,\qquad \varphi,\psi\in\Omega^0(\xi),$$

则称 $\nabla$ 是 $\xi$ 的度量（或 Riemann）连络.

证明每个度量丛都具有度量连络.

设 $D_\xi=\{L\in\mathrm{Hom}(\xi,\xi)|(Ll_x)^*=-Ll_x,\ x\in B\}$. 则 $D_\xi$ 是 $\mathrm{Hom}(\xi,\xi)$ 的子丛. 证明若 $\nabla$ 是度量连络，则 i) $R^\nabla\in\Omega^2(D_\xi)$，ii) $d^\nabla:\Omega^i(\mathrm{Hom}(\xi,\xi))\to\Omega^{i+1}(\mathrm{Hom}(\xi,\xi))$ 把 $\Omega^i(D_\xi)$ 映入 $\Omega^{i+1}(D_\xi)$.

4. 设 $\xi$ 是一个具有度量的复向量丛. 设

$$G_\xi=\{L\in\mathrm{Hom}(\xi,\xi)|\ 对任意 x\in B,\ Ll_x 是等距\ (L_x^*=L_x^{-1})\}.$$

则 $G_\xi$ 是 $\mathrm{Hom}(\xi, \xi)$ 的子丛. 从 $G_\xi$ 的光滑截面构成的空间 $T = \Gamma^\infty G_\xi$ 叫做 $\xi$ 的规范群(Gauge group). 设$\mathscr{C}$是 $\xi$ 上所有 Riemann 连络组成的空间. 对于 $g \in \mathscr{G}$, $\nabla \in \mathscr{C}$, 定义 $\nabla^g = g \circ \nabla \circ g^{-1}$.

证明 $(g, \nabla) \to \nabla^g$ 定义$\mathscr{G}$在$\mathscr{C}$上一个左作用. 设 $\nabla' = \nabla + \Gamma$, $\Gamma \in \Omega^1(D_\xi)$. 证明 $(\nabla')^g = \nabla^g + \Gamma^g$, 这里

$$\Gamma^g = -\tilde{\nabla}(g)g^{-1} + g\Gamma g^{-1}.$$

5. 设 $\eta$ 是流形 $M$ 上具有度量的复线丛. 证明 $\eta$ 的规范群可以等同于光滑映射所成函数空间 $C^\infty(M, s^1)$. $\Gamma^\infty(G_\eta) = ?$

6. 设 $\nabla$ 是丛 $\xi$ 的连络, $R^\nabla$ 是相应的曲率. 对于 $\nabla' = \nabla + \Gamma$, $\Gamma \in \Omega^1(\mathrm{Hom}(\xi, \xi))$, 证明

$$R^{\nabla'} = R^\nabla + d\tilde{\nabla}\Gamma + \Gamma \wedge \Gamma.$$

7. 设 $M^{2n}$ 是偶数维定向 Riemann 流形. 定义算子

$$\delta = (-1)^{np+1} * d * : \Omega^p(M) \to \Omega^{p-1}(M),$$

其中 $*$ 是 Hodge 星算子诱导的同态(见 3., 习题 1). 利用 Stokes 定理证明 $\delta$ 和 $d$ 相伴,即

$$\langle d\varphi, \phi \rangle = \langle \varphi, \delta\phi \rangle, \quad \varphi \in \Omega^{p-1}(M), \quad \phi \in \Omega^p(M).$$

对于 $d^\nabla$, 找出相伴算子 $\delta^\nabla$.

8. 设 $V$, $W$ 是具有正交基 $\{v_i\}$, $\{w_i\}$ 的内积空间. 则空间 $V^*$, $\mathrm{Hom}(V, W)$, $V \otimes W$, $\wedge^p V$ 都自然有内积空间结构,只要我们约定它们通常的基底(由 $v_i$, $w_i$ 构造)相互正交.

设 $M^4$ 是一个 4 维定向 Riemann 流形, $\xi$ 是 $M$ 上具有度量连络 $\nabla$ 的度量丛. 证明函数 $\mathscr{C} \to C^\infty(M, \mathrm{R})$, $\nabla \to \|R^\nabla\|$ 是规范不变的: $\|R^{\nabla^g}\| = \|R^\nabla\|$. 于是可定义 Yang-Mills 积分

$$\mathrm{ym}: \mathscr{C}/T \to \mathrm{R}^1, \quad \mathrm{ym}([\nabla]) = \frac{1}{2}\int_M \|R^\nabla\|^2.$$

这里方括号[ ]表示规范等价类.

证明下述关于 $\nabla$ 的条件等价

(i) $\mathrm{grad}_\nabla(\mathrm{ym}) = 0$,

(ii) $\delta\tilde{\nabla}R^\nabla = 0$, (见习题 7°, $\delta\tilde{\nabla}$ 和 $d\tilde{\nabla}$ 相伴).

# 11. 曲率和示性类

本节保留 10. 中的约定。若无特别说明，我们讨论的丛和系数都限于复的情形。设 $\xi$ 是一个光滑复向量丛，具有连络 $\nabla$ 以及相应的曲率

$$R^{\nabla} \in \Omega^2(\mathrm{Hom}(\xi, \xi)).$$

按纤维复合产生丛映射

$$\mathrm{Hom}(\xi, \xi) \otimes \mathrm{Hom}(\xi, \xi) \to \mathrm{Hom}(\xi, \xi),$$

进而诱导楔积

$$\Omega^i(\mathrm{Hom}(\xi, \xi)) \otimes \Omega^j(\mathrm{Hom}(\xi, \xi)) \to \Omega^{i+j}(\mathrm{Hom}(\xi, \xi)).$$

特别地，考虑第 $k$ 阶楔幂

$$(R^{\nabla})^k \in \Omega^{2k}(\mathrm{Hom}(\xi, \xi)),$$

则由 Bianchi 恒等式可知 $d^{\tilde{\nabla}}((R^{\nabla})^k) = 0$. 根据 (10.13)，迹数

$$\mathrm{Tr}((R^{\nabla})^k) \in \Omega^{2k}(M)$$

是一个闭微分式，从而决定一个上同调类

$$[\mathrm{Tr}((R^{\nabla})^k)] \in H^{2k}_{\mathrm{dR}}(M; \mathbf{C}).$$

**定义 11.1.** 上同调类

$$1/(2\pi i)^k \cdot k! [\mathrm{Tr}(R^{\nabla})^k]$$

叫做 $(\xi, \nabla)$ 的第 $k$ 阶陈特征，记为 $ch_k(\xi, \nabla)$. 对于 $k = 0$，我们置 $\mathrm{ch}_0(\xi, \nabla) = \dim_{\mathbf{C}} \xi$.

设 $(\xi, \nabla)$，$(\xi', \nabla')$ 是两个具有连络的丛。对于直和 $(\xi \oplus \xi', \nabla \oplus \nabla')$，我们有

$$R^{\nabla \oplus \nabla'} = \begin{pmatrix} R^{\nabla} & 0 \\ 0 & R^{\nabla'} \end{pmatrix} \in \Omega^2(\mathrm{Hom}(\xi \oplus \xi', \xi \oplus \xi')).$$

所以

(11.2) $\quad \mathrm{ch}_k(\xi \oplus \xi', \nabla \oplus \nabla') = \mathrm{ch}_k(\xi, \nabla) + \mathrm{ch}_k(\xi', \nabla').$

**命题 11.3.** 上同调类 $\mathrm{ch}_k(\xi, \nabla)$ 和连络 $\nabla$ 无关。

证．根据(5.2)和(11.2)，只需要对平凡丛 $\varepsilon^n = M \times C^n$ 以及其上任意连络 $\nabla$，证明 $\mathrm{ch}_k(\varepsilon^n, \nabla) = 0$．当 $\nabla = d$ 时，由于 $d \circ d = 0$，结论显然成立．$\varepsilon^n$ 上的其他连络具有形式 $\nabla = d + \Gamma$，$\Gamma \in \Omega^1(M; \mathrm{gl}_n(\mathbf{C}))$，并且

$$(*) \qquad R^\nabla = d\Gamma + \Gamma \wedge \Gamma \in \Omega^2(M; \mathrm{gl}_n(\mathbf{C})).$$

事实上，$d^\nabla \omega = d\omega + \Gamma \wedge \omega$．因此对于 $\varphi \in \Omega^0(M; \mathbf{C}^n)$，有

$$\begin{aligned} d^\nabla(\nabla\varphi) &= d(d\varphi + \Gamma\varphi) + \Gamma \wedge d\varphi + (\Gamma \wedge \Gamma)\varphi \\ &= d(\Gamma\varphi) + \Gamma \wedge d\varphi + (\Gamma \wedge \Gamma)\varphi \\ &= d(\Gamma)\varphi - \Gamma \wedge d\varphi + \Gamma \wedge d\varphi + (\Gamma \wedge \Gamma)\varphi \\ &= (d(\Gamma) + \Gamma \wedge \Gamma) \wedge \varphi. \end{aligned}$$

根据(10.15)，上式表明(*)成立．

(3.9)中的楔积公式表明，对于每对微分式 $\omega_i \in \Omega^i(M; \mathrm{gl}_n(\mathbf{C}))$，$\omega_j \in \Omega^j(M; \mathrm{gl}_n(\mathbf{C}))$，

$$(**) \qquad \mathrm{Tr}(\omega_i \wedge \omega_j) = (-1)^{ij}\mathrm{Tr}(\omega_j \wedge \omega_i).$$

由(*)式可知

$$\begin{aligned} \mathrm{Tr}((R^\nabla)^k) &= \mathrm{Tr}((d\Gamma + \Gamma \wedge \Gamma)^k) \\ &= \sum_{i=0}^{k} \binom{k}{i} \mathrm{Tr}((d\Gamma)^i \wedge (\Gamma \wedge \Gamma)^{k-i}). \end{aligned}$$

根据(**)，$r$ = 偶数时 $\mathrm{Tr}(d(\Gamma^r)) = 0$，$r$ = 奇数时

$$\mathrm{Tr}(d(\Gamma^r)) = \mathrm{Tr}(d\Gamma \cdot \Gamma^{r-1}).$$

鉴于算子 $d$ 和 $\mathrm{Tr}$ 可交换

$$\mathrm{Tr}(R^\nabla)^k \equiv \mathrm{Tr}((\Gamma \wedge \Gamma)^k) \bmod \mathrm{Im} d.$$

注意到对于一切 $i$，$\mathrm{Tr}((\Gamma \wedge \Gamma)^i) = 0$，命题得证．▌

**命题 11.4.** $\mathrm{ch}_k(\xi \otimes \xi') = \sum_0^k \mathrm{ch}_i(\xi)\mathrm{ch}_{k-i}(\xi')$.

证．设 $(\xi, \nabla)$ 和 $(\xi', \nabla')$ 是两个具有连络的复向量丛．则

$$\bar{\nabla} = \nabla \otimes 1 + 1 \otimes \nabla'$$

是丛 $\xi \otimes \xi'$ 的连络，它对应曲率

$$R^{\bar{\nabla}} = R^\nabla \otimes 1 + 1 \otimes R^{\nabla'},$$

并且

$$\mathrm{Tr}((R^{\tilde{\nabla}})^k)=\sum_{i=0}^{k}\binom{k}{i}\mathrm{Tr}\{(R^{\nabla})^i\otimes(R^{\nabla'})^{k-i}\}$$

$$=\sum_{i=0}^{k}\binom{k}{i}\mathrm{Tr}((R^{\nabla})^i)\wedge\mathrm{Tr}((R^{\nabla'})^{k-i}).$$

为了方便,我们引进如下分阶上同调类

(11.5) $\mathrm{ch}(\xi)=\mathrm{ch}_0(\xi)+\mathrm{ch}_1(\xi)+\cdots+\mathrm{ch}_k(\xi)+\cdots$

$$\in H^*_{\mathrm{dR}}(M;\mathrm{C}).$$

于是(11.2)和(11.4)断言

$$\mathrm{ch}:\ K(M)\to H^*_{\mathrm{dR}}(M;\mathrm{C})$$

是环同态. 这里 $K(M)$ 的定义见 § 6. 同态 ch 叫做陈特征. 它是向量丛的一个有力不变量. 事实上, $\mathrm{ch}\otimes 1\mathrm{C}$ 甚至建立了 $K(M)\otimes\mathrm{C}$ 和$M$的偶数维 de Rham 上同调群之间的同构. 见[$A$].

迄今,我们甚至还没表明 ch 非平凡. 在讨论一个实质性的例子之前,我们扼要回顾一下连络和连络形式之间的关系.

设 $P(\xi)\xrightarrow{\pi}M$ 是和 $\xi$ 相配的主 $G=GL_n(\mathrm{C})$ 丛. 定义同态

(11.6) $\pi^*:\ \Omega^i(\mathrm{Hom}(\xi,\xi))\to\Omega^i(P(\xi),\ \mathrm{gl}_n(\mathrm{C}))$,

它把 $\theta_i\in\Omega^i(\mathrm{Hom}(\xi,\xi))$ 映为

$$\pi^*(\theta_i)_u(X_1^*,\cdots,X_i^*)=u^{-1}\circ\theta_i(\pi_*(X_1^*),\cdots,\pi_*(X_i^*))\circ u.$$

这里 $X_k^*\in T_uP(\xi)$, $k=1,\cdots,i$.

微分式 $\varphi\in\Omega^i(P(\xi),\ \mathrm{gl}_n(\mathrm{C}))$ 叫做水平的(horizontal),如果每当有一个向量是垂直向量时, $\varphi(X_1^*,\cdots,X_i^*)=0$. 又$\varphi$叫做$G$-等变的,如果对一切 $g\in G$, $R_g^*\varphi=Ad_{g^{-1}}(\varphi)$. 请读者验证(11.6)中同态 $\pi^*$ 的像恰由水平,等变的微分式所组成.

**引理 11.7.** 设 $\omega_0,\ \omega_1\in\Omega^1(P(\xi);\ \mathrm{gl}_n(\mathrm{C}))$ 是和连络 $\nabla_0,\ \nabla_1$ 相对应的连络形式. 则 $\omega_0-\omega_1=\pi^*(\Gamma)$, $\nabla_0-\nabla_1=\Gamma$.

证. 因为 $\omega_0-\omega_1$ 是一个 $G$-等变的水平微分式, 故存在唯一 $\Gamma\in\Omega^1(\mathrm{Hom}(\xi,\xi))$, 使得 $\omega_0-\omega_1=\pi^*(\Gamma)$. 我们将证明

$\nabla_0 - \nabla_1 = \Gamma$，参见(10.15)．这是一个可以局部化的方程，故不妨设 $\xi = M \times \mathbf{C}^n$．进一步假定 $\omega_0$ 是这样的平坦连络形式，它是从 $G \to *$ 的连络形式关于自然投影 $M \times G \to G$ 的拉回．$\omega_0$-水平向量在 $T(M \times G) = TM \times TG$ 中的第二个分量为零．$\omega_1$-水平向量在 $T_{(x,1)}(M \times G)$ 中有形式 $(X, A)$，这里 $X \in T_xM$ 而 $A = -\Gamma_x$．

给定 $\xi$ 一个截面 $\varphi: M \to \mathbf{C}^n$，相应的函数 $\varphi^* \in \mathrm{Hom}_G(P(\xi), \mathbf{C}^n)$ 可写做 $\varphi^*(x, g) = g^{-1}(\varphi(x))$．从而

$$
\begin{aligned}
\nabla_1(\varphi)_x &= (X + A)(\varphi^*) = X(\varphi) + A\varphi^* \\
&= dX(\varphi) - A\varphi(x) \\
&= \nabla_0(\varphi) + \Gamma_x\varphi. \quad ▮
\end{aligned}
$$

**推论 11.8.** 设 $\nabla$ 是平凡线丛 $\varepsilon$ 上的连络，$\omega$ 是相应的连络形式．则 $\pi^*(R^\nabla) = d\omega$．

证．用 $\omega_0$ 表示平坦连络对应的连络形式，则 $\omega - \omega_0 = \pi^*\Gamma$．又由于 $\mathrm{gL}_1(\mathbf{C}) = \mathbf{C}$ 交换，$R^\nabla = d\Gamma + \Gamma \wedge \Gamma = d\Gamma$．参见(11.3)的证明．另一方面，$d\omega_0 = 0$．根据(11.7)我们有

$$
\begin{aligned}
\pi^* R^\nabla &= \pi^* d\Gamma = d\pi^*\Gamma \\
&= d(\omega - \omega_0) = d\omega. \quad ▮
\end{aligned}
$$

现在我们来估算一个重要的实例．读者可从中感觉到陈类的起源．

**定理 11.9.** 设 $\gamma_1$ 是 $\mathbf{CP}^1$ 上的典型线丛，则 $\mathrm{ch}_1(\gamma_1) \neq 0$．

证．和 $\gamma_1$ 相配的主丛 $P(\gamma_1)$ 是

$$
\mathbf{C}^\times \to \mathbf{C}^2 - \{0\} \xrightarrow{\pi} \mathbf{CP}^1,
$$

其中 $\pi(z_1, z_2) = [z_1, z_2]$，见(5.2)，对于 $\mathbf{C}^2$，我们使用坐标 $z_1$，$z_2$，$\bar{z}_1$ 和 $\bar{z}_2$．则 2 阶微分式

$$
\omega = \frac{\bar{z}_1 dz_1 + \bar{z}_2 dz_2}{|z_1|^2 + |z_2|^2} \in \Omega^1(\mathbf{C}^2 - \{0\}; \mathbf{C})
$$

满足(10.5)(i)，(ii)，因此是一个连络形式．我们来估算相应的曲率 $R^\nabla$ 在 $\mathbf{CP}^1 - [1, 0]$ 上的积分．

定义映射 $f$: $\mathbf{C} \xrightarrow{\cong} \mathbf{CP}^1 - \{[0,1]\}$ 为 $z \to [1, z]$. 则我们有 $f^*(P(\nu_1)) = \mathbf{C}^2 - \{z_1 = 0\}$, 以及从映射

$$\begin{array}{ccc} \mathbf{C}^2 - \{u_1 = 0\} & \xrightarrow{\hat{f}} & \mathbf{C}^2 - \{0\} \\ \downarrow pr_2 & & \downarrow \pi \\ \mathbf{C} & \xrightarrow{f} & \mathbf{CP}^1 = S^2, \end{array}$$

其中 $\hat{f}(u_1, u_2) = (u_1, u_1 u_2)$. 进一步

$$\hat{f}^*(\omega) = \frac{du_1}{u_1} + \frac{\bar{u}_2 du_2}{1 + |u_2|^2}.$$

根据(11.8)容易验证

$$\begin{aligned} d\hat{f}^*(\omega) &= \frac{\partial}{\partial \bar{u}_2}\left(\frac{\bar{u}_2}{1 + |u_2|^2}\right) d\bar{u}_2 \wedge du_2 \\ &= (1 + |u_2|^2)^{-2} d\bar{u}_2 \wedge du_2 \\ &= f^*(\mathrm{Tr} R^{\nabla}). \end{aligned}$$

故若置 $u_2 = re^{2\pi i\theta}$, 则得

$$\begin{aligned} \int_{\mathbf{CP}^1} \mathrm{Tr} R^{\nabla} &= \int_{\mathbf{C}} f^*(\mathrm{Tr} R^{\nabla}) \\ &= \int_0^1 \int_0^{\infty} \frac{4\pi i r\, dr\, d\theta}{(1 + r^2)^2} \\ &= 4\pi i \int_0^{\infty} \frac{r\, dr}{(1 + r^2)^2} \\ &= 2\pi i. \ \blacksquare \end{aligned}$$

实际上我们证明了一个更为细致的结果，设 $[S^2] \in H_2(S^2; \mathbf{Z})$ 是由某个保持定向的相对同胚 $\sigma$: $(\Delta^2, \partial\Delta^2) \to (S^2, *)$ 决定的同调类。则它是一个生成元. 设

$$\mathscr{I}: H^q_{\mathrm{dR}}(M) \to H^q(M; \mathbf{R})$$

是(8.10)中明确给出的同构，我们有下面的结果

**补遗 11.10.** $\langle \mathscr{I}(\mathrm{ch}_1(\nu_1)), [S^2] \rangle = 1$, 此处 $\langle , \rangle$ 表示上同调类在同调类上的赋值. ∎

陈特征 $\mathrm{ch}_k(\xi)$ 是自然的. 也就是说，对任何光滑映射

$$f: M' \to M,$$

有
$$f^*\mathrm{ch}_k(\xi)=\mathrm{ch}_k(f^*(\xi)).$$
如果从 $f^*(\xi)$ 和 $\xi$ 的连络在映射 $f$ 下相对应，上式甚至在微分式的层次就成立了。

从(11.10)我们注意到 $\mathscr{I}(\mathrm{ch}_1(\nu_1))$ 是一个实上同调类。因为 $H^2(\mathbf{C}P^\infty;\mathbf{R})\cong H^2(S^2;\mathbf{R})$ 并且 $\mathbf{C}P^\infty$ 是复线丛的分类空间，对于每个线丛 $\xi$，$\mathrm{ch}_1(\xi)$ 是实值上同调类。根据分裂原理和(11.2)，对于任何复向量丛 $\xi$ 和正整数 $k$
$$\mathscr{I}(\mathrm{ch}_k(\xi))\in H^{2k}(M;\mathbf{R}).$$
下节我们将看到
$$\mathscr{I}(\mathrm{ch}_k(\xi))\in H^{2k}(M,\mathbf{R}).$$

前面我们利用自同态第 $k$ 阶幂的迹数定义了 $\mathrm{ch}_k(\xi)$. 对于自同态，我们还可以实施更复杂的算子，只要这些算子关于自同构群的共轭作用不变。

例如，考虑 $n\times n$ 阶矩阵 $A$ 的特征多项式
$$\det(I+tA)=\sum_{i=0}^{n}\sigma_i(A)t^i, \tag{11.11}$$
$$\sigma_i(A)=\mathrm{Tr}(\Lambda^i(A)).$$
设 $g$ 是任意一个可逆矩阵，则 $\sigma_i(A)$ 在下述意义上是不变的，即
$$\sigma_i(gAg^{-1})=\sigma_i(A).$$
迄今，我们还没指定矩阵 $A$ 的元素。实际上，只要 $A$ 的元素属于某个具有单位的交换环 $\Lambda$，(11.11)就有完整的意义。所以，对每个有限阶自由 $\Lambda$ 模 $E$ 以及 $A\in\mathrm{End}(E)$，根据不变性我们可以定义相应的 $\sigma_i(A)$。也就是说 $\sigma_i(A)$ 和 $E$ 的 $\Lambda$-基底的选取无关。

我们来对曲率形式
$$R^\nabla\in\Omega^2(\mathrm{Hom}(E,E))=\Omega^0(\mathrm{Hom}(E,E)\otimes\Lambda^2T^*M)$$
逐点实施算子 $\sigma_i$. 固定一点 $x\in M$，考虑交换环
$$\Lambda=\sum_{i=0}^{\infty}{}^{\oplus}\Lambda^{2i}(T_x^*M).$$
我们有
$$R_x^\nabla\in\mathrm{Hom}(E_x,E_x)\otimes\Lambda=\mathrm{Hom}_\Lambda(E_x\otimes\Lambda,E_x\otimes\Lambda).$$

构造

$$\sigma_k\left(\frac{1}{2\pi i}R_x^\nabla\right)\in \operatorname{Hom}(E_x, E_x)\otimes\Lambda^{2k}(T_x^*M).$$

于是得到$M$上一个 $2k$ 阶微分式(具有复系数)

$$\sigma_k\left(\frac{1}{2\pi i}R^\nabla\right)\in\Omega^{2k}(M).$$

类似地，如果我们考虑按 $s_k(A)=\operatorname{Tr}(A^k)$ 定义的算子 $s_k$，则得到微分式

$$s_k\left(\frac{1}{2\pi i}R^\nabla\right)=\left(\frac{1}{2\pi i}\right)^k\operatorname{Tr}((R^\nabla)^k).$$

显然它曾被用于定义陈特征. 多项式 $s_k$ 和 $\sigma_k$ 可以通过牛顿恒等式联系起来

$$(11.12)\qquad s_k(A)-s_{k-1}(A)\sigma_1(A)+s_{k-2}(A)\sigma_2(A)-\cdots+(-1)^k k\sigma_k(A)=0.$$

要证明(11.12),只需考虑$A$是以 $a_1,\cdots,a_n$ 为对角元素的对角矩阵就足够了. 此时 $s_i(A)=a_1^i+\cdots+a_n^i$，$\sigma_i(A)=$关于 $n$ 个变元的第 $i$ 阶初等对称多项式 $\sigma_i(a_1,\cdots,a_n)$. 这样(11.12)是对称多项式经典理论中的一个熟知方程.

根据 (11.12)，$s_k(A)$ 是关于 $\sigma_1(A),\cdots,\sigma_k(A)$ 的整系数多项式,同时 $\sigma_k(A)$ 又是关于 $s_1(A),\cdots,s_k(A)$ 的有理系数多项式. 即

$$(11.13)\qquad \begin{aligned} s_k(A)&=Q_k(\sigma_1(A),\cdots,\sigma_k(A))\\ \sigma_k(A)&=P_k(s_1(A),\cdots,s_k(A)). \end{aligned}$$

鉴于 $s_k\left(\frac{1}{2\pi i}R^\nabla\right)$ 和 $\sigma_k\left(\frac{1}{2\pi_1}R^\nabla\right)$ 是闭微分式,又根据 (11.3)，$s_k$ 决定的 de Rham 上同调类和连络的选取无关.

**定义 11.14.** 设$E$是一个光滑复向量丛. 上同调类

$$c_k(E)=\left[\sigma_k\left(\frac{1}{2\pi i}R^\nabla\right)\right],\quad 0<k\leqslant\dim E.$$

称为$E$的第$k$阶陈类. 对于 $k>\dim E$，令 $c_k(E)=0$，当$k=0$时，$c_0(E)=1$.

陈类是关于陈特征指标 $\mathrm{ch}_k(E)=k!\left[s_k\left(\frac{1}{2\pi i}R^\nabla\right)\right]$ 的有理系数多项式。例如

$$c_1(E)=\mathrm{ch}_1(E)$$

$$c_2(E)=\frac{1}{2}\mathrm{ch}_1(E)^2-\mathrm{ch}_2(E).$$

**命题 11.15** 对于光滑复向量丛的直和 $E\oplus F$,

$$c_k(E\oplus F)=\sum_{i=0}^{k}c_i(E)c_{k-i}(E).$$

证。利用恒等式

$$\det\left(I+t\begin{pmatrix}A&0\\0&B\end{pmatrix}\right)=\det(I+tA)\det(I+tB).\ \blacksquare$$

一般地,考虑全陈类 $c(E)=c_0(E)+c_1(E)+\cdots+c_n(E)\in H^*_{\mathrm{dR}}(M)$ 比较方便。比如说(11.15)等价于

$$c(E\oplus F)=c(E)\cup c(F).$$

我们最后要指出的是,在 $s_k(A)$ 和 $\sigma_k(A)$ 之间,有着 Adams 运算 $\psi^k(E)$ 和外幂运算 $\lambda^k(E)$ 之间相同的关系 (见 5). 事实上,如果令

$$\sigma_t(A)=\sum_{i=0}^{n}\sigma_i(A)t^i,\quad s_t(A)=\sum_{i=1}^{n}s_i(A)t^i,$$

则

$$s_t(A)=-t\frac{d}{dt}\log\sigma_{-t}(A). \tag{11.16}$$

## 习　　题

1. 证明(11.6)中映射的像由水平、等变的微分式组成。

2. 设 $M^4$ 是一个 4 维定向 Riemann 流形, $\xi$ 是$M$上具有度量的复向量丛。 $M$ 的可定向性等价于 $\Lambda^4(T^*M)$ 的一个具有单位长度的截面。设

$$*:\ \Lambda^2T^*M\to\Lambda^2T^*M$$

是 Hodge 星算子(见 3, 习题 1)。它是一个对合变换、从而可把

$\Lambda^2T^*M$ 分解为以±1为特征值的特征子丛的直和

$$\Lambda^2T^*M = \Lambda^2_+T^*M \oplus \Lambda^2_-T^*M.$$

特别地，对于斜埃尔米特（skew hermitian）映射所成丛 $D_\xi \subset \mathrm{Hom}(\xi, \xi)$（见§10，习题3），我们有

$$\Omega^2(D_\xi) = \Omega^2_+(D_\xi) \oplus \Omega^2_-(D_\xi),$$

进而对 $\xi$ 上的任意度量连络 $\nabla$，相应地有分解

$$R^\nabla = R^\nabla_+ + R^\nabla_-.$$

证明关系式

$$\mathrm{Tr}(R^\nabla \wedge R^\nabla) = \|R^\nabla_-\|^2 - \|R^\nabla_+\|^2$$

$$\|R^\nabla\| = \|R^\nabla_-\|^2 + \|R^\nabla_+\|^2.$$

对于 Yang-Mills 积分 $\mathrm{ym}(\nabla) = \frac{1}{2}\int_M \|R^\nabla\|^2$，证明

$$\mathrm{ym}(\nabla) \geqslant 4\pi^2 < \mathrm{ch}_2(\xi), [M] > ,$$

并且当且仅当 $R^\nabla_- \equiv 0$ 时等号成立（利用 $\int_M \omega = \langle [\omega], [M] \rangle$，这里 $\omega \in \Omega^4(M)$，$[M] \in H_4(M)$ 是基本类．见9，习题5）．

# 12. 整陈类和 Thom 同构

设$\xi$是空间$B$上的复向量丛．我们来构造上同调类

$$c_i(\xi)\in H^{2i}(B;\mathbf{Z}),\quad c_0(\xi)=1,$$

它们满足

(i) 对于映射 $f\colon B'\to B$、$f^*c_i(\xi)=c_i(f^*\xi)$.

(12.1) (ii) $c_i(\xi\oplus\eta)=\sum_{k=0}^{i}c_k(\xi)c_{i-k}(\eta)$

(iii) $c_1(\nu_1)=e$, $c_i(\nu_1)=0$ 若 $i>1$.

这里$\nu_1$是$\mathbf{CP}^\infty$上的分类线丛；$e\in H^2(\mathbf{CP}^\infty;\mathbf{Z})$是$\nu_1$的 Euler 类（见 (9.9)）．$c_i(\xi)$ 称为第$i$阶整陈类．而分阶上同调类 $c(\xi)=1+c_1(\xi)+c_2(\xi)+\cdots\in H^*(B;\mathbf{Z})$则称为$\xi$的整全陈类.

根据 (12.1) (ii)，对向量丛取整全陈类是一个指数型运算 $c(\xi\oplus\eta)=c(\xi)\cdot c(\eta)$.

**命题 12.2.** 对任何复向量丛$\xi$，满足 (12.1) 的上同调类集合 $\{c_i(\xi)\}$ 是唯一的.

证．设 $\{c_i'(\xi)\}$ 和 $\{c_i(\xi)\}$ 是两组满足(12.1)的上同调类．我们来证明 $c_i(\xi)=c_i'(\xi)$.

根据(6.6)，对任何复线丛 $\xi\to B$，存在映射 $f\colon B\to\mathbf{CP}^\infty$ 使得 $\xi=f^*(\nu_1)$．于是 (i) 和 (iii) 表明 $c_i=c_i'$ 对复线丛成立．对于一般向量丛 $\xi\to B$，根据分裂原理 (9.11)，存在空间$A$以及映射

$$f\colon A\to B,$$

使得 $f^*\colon H^*(B;\mathbf{Z})\to H^*(A;\mathbf{Z})$ 是单同态，并且$f^*(\xi)=\eta_1\oplus\cdots\oplus\eta_k$ 是复线丛直和．由(12.1) (ii) 可知

$$c_i(\eta_1\oplus\cdots\oplus)\eta_k)=c_i'(\eta_1\oplus\cdots\oplus\eta_k).$$

从而 $c_i(\xi)=c_i'(\xi)$.

根据分裂原理，必然有

(12.3) $$c_k(\xi)=0,\ 若\ k>\dim_{\mathbf{C}}\xi.$$

事实上若 $\xi$ 是复线丛直和，由 (12.1) 可知上式成立．进而对一般情形亦真．

我们是在(9.10)的基础上描述了整陈类 $c_i(\xi)$ 的构造．这是 A. Grolhendieck 首创的．读者也可从文献［MS］中，看到另一套稍不同的处理．

假定我们已经定义了 $c_i(\xi)$．设

$$\pi:\ \mathbf{P}(\xi)\to B$$

是和 $\xi$ 相配的射影丛的自然投射．则

$$\pi^*(\xi)=\gamma_1(\xi)\oplus\xi_1$$

(见(9.11)的证明)．对于分阶上同调类 $c(\xi)$．我们有

$$\begin{aligned}\pi^*c(\xi)&=c(\gamma_1(\xi))\cdot c(\xi_1)\\&=(1+c_1(\gamma_1(\xi)))c(\xi_1),\end{aligned}$$

所以

$$c(\xi_1)=\pi^*c(\xi)(1-c+c^2-\cdots),\quad c=c_1(\gamma_1(\xi)).$$

如果 $\dim_{\mathbf{C}}\xi=n+1$，则 $\dim_{\mathbf{C}}\xi_1=n$．于是 $c_{n+1}(\xi_1)=0$ 意味着

(12.4) $$\begin{aligned}\pi^*c_{n+1}(\xi)-\pi^*c_n(\xi)c+\pi^*c_{n-1}(\xi)c^2-\cdots\\+(-1)^{n+1}c^{n+1}=0.\end{aligned}$$

我们改变一下观点：对于线丛 $\eta$，令 $c_1(\eta)=e(\eta)$(Euler 类)，并利用(9.10)和(12.4)来定义 $c_i(\xi)$．

**定义 12.5**．设 $\dim_{\mathbf{C}}\xi=n+1$．令 $c_i(\xi)\in H^{2i}(B;\mathbf{Z})$ 为满足关系式

$$(-1)^n e^{n+1}=\sum_{i=0}^{n}(-1)^i\pi^*c_{n+1-i}(\xi)e^i$$

的唯一上同调类．此处 $e=e(\gamma_1(\xi))$；若 $i>n+1$，则令

$$c_i(\xi)=0.$$

我们还没有证明定义中给出的上同调类 $\{c_i(\xi)\}$ 满足(12.1)．根据 Euler 类 $e(\gamma_1(\xi))$ 的自然性，(12.1) (i) 显然成立． 又根

据定义，(12.1) (iii) 也成立.

**引理 12.6** (12.5) 中定义的上同调类 $\{c_i(\xi)\}$ 满足 (12.1) (ii).

证 设 $\xi, \eta$ 分别是 $m$ 维和 $n$ 维复向量丛. 考虑含入映射

$$i: \mathbf{P}(\xi) \to \mathbf{P}(\xi \oplus \eta),$$
$$j: \mathbf{P}(\eta) \to \mathbf{P}(\xi \oplus \eta).$$

令 $\gamma_1 = \gamma_1(\xi \oplus \eta)$，则 $i^*(\gamma_1) = \gamma_1(\xi)$，$j^*(\gamma_1) = \gamma_1(\eta)$. 设 $e = e(\gamma_1)$、$\pi: \mathbf{P}(\xi \oplus \eta) \to B$ 是自然投射,则上同调类

$$X = \sum_{i=0}^{m} (-1)^i \pi^* c_{m-i}(\xi) e^i, \quad Y = \sum_{i=0}^{n} (-1)^i \pi^* c_{n-i}(\eta) e^i$$

满足

$$i^*(X) = 0 = j^*(Y).$$

令

$$U = \mathbf{P}(\xi \oplus \eta) - \mathbf{P}(\xi),$$
$$V = \mathbf{P}(\xi \oplus \eta) - \mathbf{P}(\eta).$$

则我们有

$$U \simeq \mathbf{P}(\eta), \quad V \simeq \mathbf{P}(\xi),$$
$$U \cup V = \mathbf{P}(\xi \oplus \eta).$$

并且

$$X \in \operatorname{Im} \{H^*(\mathbf{P}(\xi \oplus \eta), V) \to H^*(\mathbf{P}(\xi \oplus \eta))\},$$
$$Y \in \operatorname{Im} \{H^*(\mathbf{P}(\xi \oplus \eta), U) \to H^*(\mathbf{P}(\xi \oplus \eta))\}.$$

于是

$$X \cdot Y \in H^*(\mathbf{P}(\xi \oplus \eta), U \cup V) = 0$$

(见 (2.12)). 从而有

$$\left(\sum_{i=0}^{m} (-1)^i \pi^* c_{m-i}(\xi) e^i\right)\left(\sum_{i=0}^{n} (-1)^i \pi^* c_{n-i}(\xi) e^i\right) = 0,$$

这意味引理成立. ∎

上节,我们在 de Rham 上同调中定义了陈类

$$c_i^{dR}(\xi) \in H_{dR}^{2i}(M),$$

考虑积分同态

$$\mathscr{I}: H^*_{dR}(M) \to H^*(M; \mathbf{R})$$

以及系数同态

$$i_{\mathbf{R}}: H^*(M; \mathbf{Z}) \to H^*(M; \mathbf{R}).$$

泛系数定理断言

$$H^*(M; R) \cong H^*(M; \mathbf{Z}) \otimes_{\mathbf{Z}} \mathbf{R}.$$

**命题 12.7.** $\mathscr{I}(c_i^{dR}(\xi)) = i_{\mathbf{R}}(c_i(\xi))$.

证. 两个上同调类的集合 $\{c_i^{dR}(\xi)\}$ 和 $\{c_i(\xi)\}$ 均满足 (12.1) (i) 和 (ii)，所以只需验证 $\xi$ 是复线丛且 $i = 1$ 的情形就够了. 根据分类定理和自然性，我们只需估计典型复线丛 $\gamma_1(\mathbf{C}^{n+1}) \to \mathbf{CP}^n$ 的两个陈类. 当 $n = 1$ 时，由(11.10)可知命题成立. 当 $n > 1$ 时，利用含入映射 $\mathbf{CP}^1 \to \mathbf{CP}^n$ 诱导同构

$$H^2(\mathbf{CP}^n) \to H^2(\mathbf{CP}^1). \quad ∎$$

根据(11.13)，我们有下面的推论.

**推论 12.8.** $\mathscr{I}(\mathrm{ch}_k(\xi)) \in \mathrm{Im}(i_Q: H^*(M; \mathbf{Q}) \to H^*(M; \mathbf{R}))$. ∎

设 $\eta$ 是一个复线丛. 它的全陈类是 $c(\eta) = 1 + c_1(\eta)$. 我们来计算 $\eta$ 决定的多项式

$$s_t(\eta) = \sum s_k(\eta) t^k,$$

它是 11 中引进的. 根据(11.6)我们有

$$\begin{aligned} s_t(\eta) &= -t \frac{d}{dt} \log(1 - c_1(\eta)t) \\ &= t \frac{c_1(\eta)}{1 - c_1(\eta)t} \\ &= c_1(\eta)t + c(\eta)^2 t^2 + \cdots. \end{aligned}$$

于是 $\mathrm{ch}_k(\eta) = \frac{1}{k!} c_1(\eta)^k$，并且线丛的全陈特征是形式幂级数

$$\mathrm{ch}(\eta) = e^{c_1(\eta)}.$$

对于线丛的直和 $\xi = \eta_1 \oplus \cdots \oplus \eta_r$，全陈类是

$$c(\xi) = \prod_{i=1}^{r} c(\eta_i) = \prod (1 + c_1(\eta_i)),$$

因此

$$c_k(\xi)=\sigma_k(c_1(\eta_1),\cdots,c_1(\eta_r)),$$

这里 $\sigma_k$ 是关于 $r$ 个变元的第 $k$ 阶初等对称多项式

我们回顾一下一个对称多项式的经典定理.

**定理 12.9**. 设 $f\in \mathbf{Z}[x_1,\cdots,x_r]$ 是关于变元 $x_1,\cdots,x_r$ 的对称多项式. 则存在唯一的 $r$ 个变元的整系数多项式 $\hat{f}$, 使得

$$f(x_1,\cdots,x_r)=\hat{f}(\sigma_1,\cdots,\sigma_r),$$

其中 $\sigma_k=\sigma_k(x_1,\cdots,x_r)$ 是第 $k$ 阶初等对称多项式. ▮

换言之,(12.9)可用公式陈述如下

$$\mathbf{Z}[\sigma_1,\cdots,\sigma_r]=\mathbf{Z}[x_1,\cdots,x_r]^{\Sigma_r},$$

其中 $\Sigma_r$ 是关于 $r$ 个变元的置换群,$(\quad)^{\Sigma_r}$ 表示不变元素所成子集.

有了分裂原理和(12.9),可以通过对称函数来定义示性类. 做为例子,我们来定义 Todd-亏格 (Todd-genus).

设 $\xi$ 是一个复向量丛. 令

$$\mathscr{T}(\xi)\in H^*(B;\mathbf{Q})$$

为满足如下条件的唯一分阶上同调类

(i) $\mathscr{T}(\xi\oplus\xi')=\mathscr{T}(\xi)\cdot\mathscr{T}(\xi')$,

(12.10)

(ii) 对于复线丛 $\gamma$, $\mathscr{T}(\gamma)=c_1(\gamma)/(1-e^{-c_1(\gamma)})$

显然,从分裂原理可知 $\mathscr{T}(\xi)$ 由(12.10)唯一确定. 接着我们来讨论存在性. 设 $\xi=\eta_1\oplus\cdots\oplus\eta_r$ 是复线丛的直和 $c_1(\eta_i)=x_i$, 则

$$\mathscr{T}(\xi)=\prod_{i=1}^r x_i/(1-e^{-x_i}).$$

这个表达式关于 $x_i$ 的置换不变,因此

$$\prod_{i=1}^r x_i/(1-e^{-x_i})=\sum\mathscr{T}_j(\sigma_1,\cdots,\sigma_r).$$

用 $c_j(\xi)$ 替换 $\sigma_j=\sigma_j(x_1,\cdots,x_r)$, 我们得到

$$\mathscr{T}(\xi)=\sum\mathscr{T}_j(c_1(\xi),\cdots,c_r(\xi)),$$

$$\mathscr{T}_j(c_1(\xi),\cdots,c_r(\xi))\in H^{2j}(B;\mathbb{Q}).$$

这样我们定义了 Todd-亏格. 它和 9 定义的 $K$-理论中的 Thom 类 $\lambda_\xi$ 相关连.

**引理 12.11.** 设 $\nu$ 是一个复线丛,

$$\Phi:\ H^*(B;\mathbb{Q})\to H^*(E(\nu),E_0(\nu);\mathbb{Q})$$

是 Thom 同构. 则

$$\Phi^{-1}(\mathrm{ch}\ (\lambda_\nu))=(e^{c_1(\nu)-1})/c_1(\nu).$$

证. 不妨设 $\nu$ 是 $\mathbf{CP}^n$ 上的典型线丛. 在 $K$-理论中,映射

$$\sigma^*:\ \widetilde{K}(T(\nu))\to K(\mathbf{CP}^n)$$

将 $\lambda_T$ 映到 $\lambda^0(\nu)-\lambda'(\nu)=\varepsilon'-\nu$, 因此

$$\sigma^*\mathrm{ch}(\lambda\nu)=\mathrm{ch}(\varepsilon')-\mathrm{ch}(\nu)=1-e^{c_1(\nu)}.$$

另一方面

$$\mathrm{ch}(\lambda\nu)=\mathscr{T}\cdot U_\nu=\Phi(\mathscr{T}),$$

其中 $U_\nu=\Phi(1)$ 是上同调中的 Thom 类, $T\in H^*(B;\mathbb{Q})$ 是 $\nu$ 的 Todd 亏格. 因此

$$\sigma^*\mathrm{ch}(\lambda_\nu)=\mathscr{T}\cdot\sigma^*(U_\nu)=\mathscr{T}\cdot e(\nu)=\mathscr{T}\cdot c_1(\nu).$$

由于和 $c_1(\nu)$ 的乘积是 $H^*(\mathbf{CP}^\infty;\mathbb{Q})=\mathbb{Q}[c_1(\nu)]$ 到自身的单同态,故引理得证. ∎

最后,我们扼要介绍著名的 Atiyah-Singer 指数定理.

设 $\xi_0$, $\xi_1$ 是光滑闭流形 $M$ 上的两个光滑复向量丛. 所谓微分算子

$$D:\ \Omega^0(\xi_0)\to\Omega^0(\xi_1),$$

是指具有下述局部表示的 $\mathbf{C}$-线性映射

(*) $$D\varphi=\sum_I a_I(x)D^I\varphi,$$

其中 $I=(i_1,i_2,\cdots,i_k)$ 是多重指数, $k=\dim_{\mathbf{C}}\xi_0$,

$$D^I\varphi=\frac{\partial^{|I|}\varphi}{\partial x_1^{i_1}\cdots\partial x_k^{i_k}},\quad |I|=\sum_1^k i_s$$

而

$$a_I(x):\ (\xi_0)_x\to(\xi_1)_x$$

则是光滑地依赖于 $x$ 的 C-线性映射.

于是，如果 $\xi_0, \xi_1$ 都是平凡丛，$D$ 就是通常意义下的微分算子. 一般情形的说法是,存在$M$的开覆盖 $\{U_\alpha\}$ 使得 $\xi_i|U_\alpha$ 上平凡. 而在每个 $U_\alpha$ 上,$D$ 具有形式(*).

表达式(*)中涉及的最大整数$|I|$叫做算子$D$的阶数.

设$D$是一个 $k$ 阶微分算子. 对于每点 $x \in M$以及每个向量 $v \in T_x^*M$，我们定义$D$的符号

$$\sigma_v(D): (\xi_0)_x \to (\xi_1)_x$$

如下: $\sigma_v(D)$ 为线性同态. 取函数 $\varepsilon \in \Omega^0(M)$，满足 $\varepsilon(x)=0$, $(d\varepsilon)_x = v$. 对于 $\varphi \in \Omega^0(\xi_0)$，令

$$\sigma_v(D)(\varphi(x)) = \frac{1}{k!} D(\varepsilon^k \varphi)(x).$$

请读者验证 $\sigma_v(D)(\varphi(x))$ 仅依赖于 $\varphi(x)$ 和 $v$ 的值, 而和$\varphi$以及 $\varepsilon$ 在 $x$ 附近的性质无关.

设 $\pi: T^*M \to M$ 是$M$的余切丛的投射映射. 符号 $\sigma_v(D)$ 决定一个丛映射

$$\sigma(D): \pi^*(\xi_0) \to \pi^*(\xi_1).$$

算子$D$叫做**椭圆的**,如果 $\sigma(D)$ 在零截面以外是同构. 此时，我们得到一个元素

$$[D] \in [\pi^*(\xi_0), \pi^*(\xi_1); \sigma(D)] \in K(D(T^*M), S(T^*M)).$$

这里我们假设了$M$是 Riemann 流形: $TM$ 上的度量诱导等同 $TM = T^*M$ 以及 $T^*M$ 上的度量.

更一般些,一个 $k$ 阶微分算子的复形

$$D_*: \Omega^0(\xi_0) \xrightarrow{D} \Omega^0(\xi_1) \xrightarrow{D} \cdots \xrightarrow{D} \Omega^0(\xi_k),$$

叫做**椭圆复形**,如果相应的符号序列

$$0 \to \pi^*(\xi_0) \xrightarrow{\sigma(D)} \pi^*(\xi_1) \xrightarrow{\sigma(D)} \cdots \xrightarrow{\sigma(D)} \pi^*(\xi_k) \to 0$$

在零截面以外正合. 在每个丛 $\xi_i$ 上规定一个度量并构造相应的伴随算子

$$\sigma(D)^*: \pi^*(\xi_{i+1}) \to \pi^*(\xi_i),$$

则根据本节末的习题 7 可知，$D_*$ 是椭圆复形当且仅当

$$\sigma(D)+\sigma(D)^*:\ \Sigma^{\oplus}\pi^*(\xi_{2i})\to\Sigma^{\oplus}\pi^*(\xi_{2i+1})$$

在零截面以外是同构．从而决定一个元素

$$[D_*]\in K(D(T^*M),\ S(T^*M)). \tag{12.12}$$

**定理 12.13**．对于微分算子的椭圆复形，同调群 $H^i(\Omega^0(\xi_*), D)$ 维数有限．

以上定理的证明参见 [$AB$] 或 [$W$]．

令

$$\chi(D_*)=\sum_{i=0}^{k}(-1)^i\dim H^i(\Omega^0(\xi_*),D)$$

（解析指标）

$$\mathscr{I}(M)=T(T^*M\otimes_{\mathbf{R}}\mathbf{C})\in H^*(M;\mathbf{Q})$$

（指数类）．

则 Atiyah-Singer 指数定理断言：

**定理 12.14**．设 $M$ 是可定向流形，$D_*$ 是微分算子的椭圆复形，则

$$\chi(D_*)=(-1)^{\frac{n(n-1)}{2}}\langle\phi^{-1}\operatorname{ch}([D_*])I(M),[M]\rangle. \ ▮$$

证明请参阅 [ASI, III]．

## 习　　题

1. 设 $\xi$ 是一个复向量丛，满足 $T\mathbf{C}P^n\oplus\xi$ 平凡．证明

$$\dim_{\mathbf{C}}\xi\geqslant n.$$

另当 $k<N$ 时，不存在具有复法丛的嵌入 $\mathbf{C}P^n\subset\mathbf{C}^{n+k}$．

2. 设 $\gamma_k$ 是 Grassmann 流形 $G_k(\mathbf{C}^\infty)$ 上的分类丛(见 6)．它的全空间是

$$E(\gamma_k)=\{(H,v)\,|\,H\in G_k(\mathbf{C}^\infty),\ v\in H\}.$$

设 $E_0(\gamma_k)\subset E(\gamma_k)$ 是零截面的余空间．证明 $E_0(\gamma_k)$ 同胚于

$$E_1(\gamma_k)=\{(Y,u)\,|\,Y\in G_{k-1}(\mathbf{C}^\infty),\ u\in Y^\perp-\{0\}\}.$$

其中 $Y^\perp$ 是 $Y$ 在 $\mathbf{C}^\infty$（具有通常的内积）中的正交补．

证明 $\mathbf{C}^\infty - \{0\}$ 可缩，并推断 $E_1(v_k) \simeq G_{k-1}(\mathbf{C}^\infty)$。

利用 $v_k$ 相应的 Gysin 序列(9.7)归纳地证明

$$H^*(G_k(\mathbf{C}^\infty); \mathbf{Z}) = \mathbf{Z}[c_1(v_k), \cdots, c_k(v_k)]$$

3. 设 $M = \partial N$. 证明所有的"示性数"$\langle c_{i_1}(TM), \cdots, c_{i_r}(TM), [M] \rangle = 0$。证明当 $n > 1$ 时，$\mathbf{CP}^n$ 不是某一流形的边缘.

4. 设 $\xi$ 是空间 $B$ 上的实向量丛. 证明存在示性类

$$w_i(\xi) \in H^i(B; \mathbf{F}_2), \quad w_0(\xi) = 1,$$

它们在模-2 意义下满足类似于(12.1)的条件

$$f^*(w_i(\xi)) = w_i(f^*(\xi)),$$

$$w_i(\xi \oplus \eta) = \sum_{k=0}^{i} w_k(\xi) w_{i-k}(\xi),$$

$$w_1(\gamma_1(\mathbf{R}^\infty)) \neq 0, \quad w_i(\gamma_1(\mathbf{R}^\infty)) = 0, \text{对于 } i > 1,$$

其中 $\gamma_1(\mathbf{R}^\infty)$ 是 $\mathbf{RP}^\infty$ 上的分类实线丛. 它们称做实丛的 Stiefel-Whitney 示性类.

5. 设 $\eta$ 和 $\eta'$ 是两个复线丛. 证明

$$c_1(\eta \otimes \eta') = c_1(\eta) + c_1(\eta')$$

(利用复线丛的分类，以及 $H^*(\mathbf{CP}^\infty \times \mathbf{CP}^\infty)$ 的 Kunneth 公式).

6. 证明 1 阶微分算子

$$d: \Omega^0(\Lambda^i T^* M) \to \Omega^0(\Lambda^{i+1} T^* M)$$

(外微分)的符号恰是 3. 的习题 2° 中的算子 $F_v$.

证明

$$0 \to \Omega^0(M) \xrightarrow{d} \Omega^1(M) \xrightarrow{d} \cdots \xrightarrow{d} \Omega^n(M) \to 0$$

是一个椭圆复形，其解析指数等于 Euler 示性数. 这种情形下的指标定理的含义是什么?

7. 设 $V_0 \xrightarrow{f_0} V_1 \xrightarrow{f_1} V_2$ 是内积空间的正合序列. 证明 $V_1 = f_0(V_0) \oplus f_1^*(V_2)$。证明

$$f_0 f_0^*: f_0(V_0) \to f_0(V_0),$$
$$f_1^* f_1: f_1^*(V_2) \to f_1^*(V_2),$$

是同构。

证明复形

$$0 \to V_0 \xrightarrow{f_0} V_1 \xrightarrow{f_1} \cdots \xrightarrow{f_{k-1}} V_k \to 0$$

正合，当且仅当

$$f + f^*: \sum V_{2i} \to \sum V_{2i+1}$$

是同构。

# 13. 非交换的 de Rham 同调

本节，首先定义有限生成射影模的代数陈指标，它取值于 3. 中介绍的非交换 de Rham 同调群．其次，我们将描述非交换 de Rham 同调群和 4.、7. 中讨论的循环同调群之间的关系．这部分内容主要是 A. Connes 和 M. Karoubi 的工作．本节采用文献[K]中的记号．

本节所涉及的基域 $k$ 的特征恒为 0.

设 $A$ 是一个 $k$-代数．在 3. 中，我们引进代数形式的复合形 $(\Omega_*(A), d)$:

$$
\begin{aligned}
&\Omega_0(A) = A,\\
&\Omega_1(A) = \ker(\mu:\ A\otimes A \to A),
\end{aligned}
$$

(13.1)

$$
\begin{aligned}
&\Omega_n(A) = \Omega_1(A)\otimes_A\cdots\otimes_A\Omega_1(A),\\
&d(a) = 1\otimes a - a\otimes 1,\quad a\in\Omega_0(A).
\end{aligned}
$$

1 次代数形式 $\Omega_1(A)$ 是一个 $A$-双模，并且

$$\Omega_*(A) = \sum{}^{\oplus}\Omega_i(A)$$

具有明显的代数结构，而微分（度数等于 1）则是 (13.1) 中的映射 $d$ 满足下述条件的唯一扩张

(13.2) $\quad d(\omega_i\omega_j) = (d\omega_i)\omega_j + (-1)^i\omega_i d\omega_j,\ \omega_i\in\Omega_i(A)$

$$d\circ d = 0.$$

我们用分次微分代数 (differential graded algebra，或简记为 DGA) 这个名词，来称呼一个代表分次 $k$-代数 $\Omega_*$，它配备一个映度数为 1、满足条件(13.2)的微分 $d$．两个 DGA 之间的同态 $f:\ (\Omega_*, d)\to(\Omega'_*, d')$，是一个代数同态 $f:\ \Omega_*\to\Omega'_*$，它满足链映射条件 $fd = d'f$．利用上述约定，我们可以陈述引理 3.16 的更一般的形式，

**引理 13.3.** 设 $(\Omega_*, d)$ 是一个 DGA，$f: A\to\Omega_0$ 是一个代数同态．则存在唯一同态 $f_*$：$(\Omega_*(A), d)\to(\Omega_*, d)$，满足 $f_0=f$． ▮

在 3. 中，我们也介绍过非交换 de Rham 复合形 $(\bar{\Omega}_*, d)$，它不再是一个代数．

$$\bar{\Omega}(A)=\Omega_n(A)/[\Omega_*(A),\ \Omega_*(A)]_n,$$

其中 $[\Omega_*(A), \Omega_*(A)]_n$ 是由分次换位子

$$[\omega_i, \omega_j]=\omega_i\omega_j-(-1)^{ij}\omega_j\omega_i,\quad i+j=n$$

生成的 $A$-子模．自然投影

$$\mathrm{Tr}:\ \Omega_n(A)\to\bar{\Omega}_n(A),$$

叫做**分次迹数** (graded trace)． $(\bar{\Omega}(A), d)$ 决定的同调群叫做 **$A$ 的(约化，非交换) de Rham 同调群**，记做 $\bar{H}_*^{\mathrm{dR}}(A)$．

设 $K_0(A)$ 是有限生成射影(右) $A$-模同构类的 Grothendieck 群．根据 (5.5)，如果 $X$ 是拓扑空间，$C^0(X, \mathbb{C})$ 是 $X$ 上所有复函数所组成的函数空间，则 $K(X)=K_0(C^0(X, \mathbb{C}))$． 如果 $X$ 是光滑流形，则我们又有 $K(X)=K_0(C^\infty(X, \mathbb{C}))$，见 6．我们的目的是要定义特征映射

$$\bar{\mathrm{ch}}:\ K_0(A)\to\bar{H}_*^{\mathrm{dR}}(A). \tag{13.4}$$

任给一个分次交换的 DGA $(\Omega_*, d)$ 以及代数同态 $f: A\to\Omega_0$，根据 (13.3)，存在唯一扩张 $(\Omega_*(A), d)\to(\Omega_*, d)$，它决定一个链映射 $f_*$：$(\bar{\Omega}_*(A), d)\to(\Omega_*, d)$．进而诱导同调群的同态

$$f_*: \bar{H}_*^{\mathrm{dR}}(A)\to H_*(\Omega_*, d).$$

特别地，我们可以把 $(\Omega_*, d)$ 取为光滑流形 $M$ 的几何 de Rham 复形，于是任何代数同态 $f: A\to\Omega^0(M)$ 决定一个同态

$$f_*:\ \bar{H}_*^{\mathrm{dR}}(A)\to H_{\mathrm{dR}}^*(M).$$

如果 $E$ 是有限生成射影 $A$-模，则 $E\otimes_A\Omega^0(M)$ 是一个射影 $\Omega^0(M)$-模，于是 $f$ 又诱导同态 $K_0(A)\to K(M)$．显然我们打算定义的映射(13.4)应该满足交换图

$$
\begin{array}{ccc}
K_0(A) & \xrightarrow{\overline{\mathrm{ch}}_k} & \overline{H}_{2k}^{\mathrm{dR}}(A) \\
\downarrow f & & \downarrow f_* \\
K(M) & \xrightarrow{(2\pi i)^k \mathrm{ch}_k} & H_{\mathrm{dR}}^{2k}(M)
\end{array} \tag{13.5}
$$

其中 $\mathrm{ch}_k$ 是 11. 中定义的几何陈特征.

**定义 13.6.** 设 $E$ 是一个射影 $A$-模, $A$-线性映射

$$\nabla: E \to E \otimes_A \Omega_1(A),$$

叫做 $E$ 的一个代数连络,如果

$$\nabla(e \cdot a) = \nabla(e) \cdot a + e \otimes da, \quad e \in E, \quad a \in A$$

给定 $E$ 的一个连络 $\nabla$,存在一个扩张

$$d^\nabla: E \otimes_A \Omega_n(A) \to E \otimes_A \Omega_{n+1}(A),$$

满足条件 $d^\nabla(e \otimes \omega_n) = (\nabla e) \cdot \omega_n + e \otimes d\omega_n$, 并且和几何情形一样,复合同态 $d^\nabla \circ d^\nabla$ 相当于与元素

$$R^\nabla = d^\nabla \circ \nabla \in \mathrm{Hom}_A(E, E \otimes_A \Omega_2(A))$$

做乘法. 这个元素叫做 $\nabla$ 的代数曲率, 简记 $\Omega = \Omega_{2*}(A)$. 我们有含入映射

$$\mathrm{Hom}_A(E, E \otimes_A \Omega_2(A)) \subset \mathrm{End}_\Omega(E \otimes_A \Omega) = \mathrm{Hom}_\Omega(E \otimes_A \Omega, E \otimes_A \Omega),$$

于是可构造

$$(R^\nabla)^k \in \mathrm{Hom}_A(E, E \otimes_A \Omega_{2k}(A)) \subset \mathrm{End}_\Omega(E \otimes_A \Omega).$$

存在迹数同态

$$\mathrm{Tr}: \mathrm{End}_\Omega(E \otimes_A \Omega) \to \Omega = HH_0(\Omega),$$

使得下图可变换

$$
\begin{array}{ccc}
\mathrm{End}_\Omega(E \otimes_A \Omega) & \xrightarrow{\mathrm{Tr}} & \Omega \\
\cong \uparrow & \nearrow ev & \\
\mathrm{Hom}_\Omega(E \otimes_A \Omega, \Omega) \otimes_\Omega (E \otimes_A \Omega) & &
\end{array} \tag{13.7}
$$

其中垂直同态映 $\varphi \otimes b$ 到自同态 $a \to b\varphi(a)$, 由于 $E$ 是有限生成射影模,这是一个同构. 而映射 $ev$ 则把 $\varphi \otimes b$ 映到 $\varphi(b)$.

读者可以毫无困难地把 11. 的讨论搬到目前的代数情形, 只要有以下命题.

**命题 13.8.** 元素 $\mathrm{Tr}((R^{\nabla})^k)\in\Omega_{2k}(A)$ 是一个闭链，它决定的同调类和连络 $\nabla$ 的取法无关. ∎

至此我们可以定义

$$\overline{\mathrm{ch}}_k(E)=\frac{1}{k!}\mathrm{Tr}((R^{\nabla})^k)\in H_{2k}^{\mathrm{dR}}(A). \tag{13.9}$$

在下述意义下它是一个加性示性类

$$\overline{\mathrm{ch}}_k(E_1\oplus E_2)=\overline{\mathrm{ch}}_k(E_1)\oplus\overline{\mathrm{ch}}_k(E_2). \tag{13.10}$$

容易看出，对于如此定义的 $\overline{\mathrm{ch}}_k$，图表(13.5)可交换.

在我们正在讨论的非交换情形中，所谓 Levi-Civita 连络是一种十分自然的构造. 除了在(11.7)的基本计算里间接出现过，关于这种特殊连络我们还没有提到过.

每个有限生成的射影 $A$-模 $E$ 是某个有限生成自由模的直和因子，因此可以通过一对同态

$$i: E\to A^n,\ \pi: A^n\to E,\ \pi\circ i=\mathrm{id} \tag{13.11}$$

来刻划. 模 $A^n$ 具有一个自然(平坦)连络，即

$$d=(d,\cdots,d):\ A^n\to A^n\otimes_A\Omega_1(A)=\Omega_1(A)^n.$$

**定义 13.12.** 连络 $\nabla$ 叫做 $E$ 的 Levi-Civita 连络，如果它满足交换图

$$\begin{array}{ccc} E & \xrightarrow{\nabla} & E\otimes_A\Omega_1(A) \\ \downarrow i & & \downarrow \pi\otimes 1 \\ A^n & \xrightarrow{d} & A^n\otimes_A\Omega_1(A). \end{array}$$

设 $P=i\circ\pi\in\mathrm{gl}_n(A)$ 是和 $E$ 相配的投影. 我们可以构造

$$P\ dP\ dP\in\Omega_2(\mathrm{gl}_n(A)).$$

考虑复合同态

$$\mathrm{Tr}:\ \Omega_*(\mathrm{gl}_n(A))\xrightarrow{I}\mathrm{gl}_n(\Omega_*(A))\xrightarrow{\mathrm{Tr}}\Omega_*(A),$$

其中 $I$ 是(13.3)决定的万有映射，它由外乘矩阵所诱导；而 Tr 是分次迹数

$$\mathrm{Tr}:\ \mathrm{gl}_n(\Omega_{2*}(A))/[\mathrm{gl}_n(\Omega_{2*}(A)),\ \mathrm{gl}_n(\Omega_{2*}(A))]$$
$$\cong\Omega_{2*}(A).$$

**命题 13.13.** 2 次微分式 $P\,dP\,dP\in \mathrm{gl}_n(\Omega_2(A))$ 是 Levi-Civita 连络的曲率形式. 2 次形式 $\mathrm{Tr}(P\ dP\ dP)\in\Omega_2(A)$ 代表同调类 $\overline{\mathrm{ch}}_1(E)$.

证. 对于 $e\in E$, $Pe=e$. 这样

$$de=d(P)e+P(de).$$

由于 $\nabla(e)=Pd(e)$, 所以

$$\begin{aligned}R^{\nabla}(e)&=P(d\nabla(e))=P(d(Pde))\\&=P(dP(de))\\&=P(dP\ dP\ e+dP\ P\ de).\end{aligned}$$

注意到 $P^2=P$ 意味 $P\,dP\,P=0$, 由上式可知

$$R^{\nabla}=P\,dP\,dP. \blacksquare$$

**例 13.14.** 我们来考虑 $A=\Omega^0(\mathrm{CP}^1)$, $E=\Omega^0(\gamma_1)$ 的情形 这里 $\gamma_1$ 是 $\mathrm{CP}^1$ 上的典型复线丛.它是平凡复平面丛 $\mathrm{CP}^1\times\mathrm{C}^2\to\mathrm{CP}^1$ 的子丛. 令 $[z_1;z_2]\in\mathrm{CP}^1$ 表示通过原点和点 $(z_1,z_2)\neq(0,0)$的复直线. 该直线的正交投射产生丛映射

$$P:\ \mathrm{CP}^1\times\mathrm{C}^2\to\mathrm{CP}^1\times\mathrm{C}^2,$$

其像空间恰是 $E(\gamma_1)$, 它决定的纤维同态是

$$P_{[z_1,z_2]}=\frac{1}{|z_1|^2+|z_2|^2}\begin{pmatrix}z_1\bar z_1 & z_1\bar z_2\\ \bar z_1 z_2 & \bar z_2 z_2\end{pmatrix}.$$

设 $f:\ \mathrm{C}\to\mathrm{CP}^1$, $f(z)=[1,z]$ 是球极平面投影, 我们来计算曲率形式 $f^*(R^{\nabla})$. 令 $(z_1,z_2)=(1,z)$, 我们有

$$P_z=\frac{1}{1+|z|^2}\begin{pmatrix}1 & \bar z\\ z & z\bar z\end{pmatrix}^2.$$

从常规计算可知

$$P_z\,dP_z\,dP_z=\left(\frac{1}{1+|z|^2}\right)P_z\,d\bar z\,dz.$$

因此

$$\mathrm{Tr}(R_z^{\nabla})=\frac{d\bar z\ dz}{(1+|z|^2)^2}\in\Omega^2(\mathrm{C}),$$

这正是我们在(11.9)中得到的微分式. ∎

下面,我们在$A$是一个增广$k$-代数,即

$$A = k \oplus \bar{A}, \quad \bar{A} = \mathrm{Ker}(\varepsilon: A \to k)$$

这个约定下,来讨论非交换 de Rham同调和循环同调的关系.

考虑规范 Hochshild 复合形以及约化循环复合形

$$\bar{Z}_p(A) = A \otimes \bar{A}^{(p)},$$
$$\bar{C}_p(A) = \bar{A}^{(p+1)}/(1-t)\bar{A}^{(p+1)},$$
$$t(a_0, \cdots, a_p) = (-1)^p(a_p, a_0, \cdots, a_{p-1}).$$

它们都具有微分

$$b(a_0, \cdots, a_p) = \sum_{i=0}^{p-1}(-1)^i(a_0, \cdots, a_i a_{i+1}, \cdots, a_p) + (-1)^p(a_p a_0, \cdots, a_{p-1}).$$

对于给定的链复形,无论它是否是规范化的,都决定相同的同调群,见(2.3). 因此,链复形 $(\bar{Z}_*(A), b)$ 对应的同调群正是(4.5)中定义的 Hochschild 群. 另一方面,链复形 $(\bar{C}_*(A), b)$ 的同调群是约化循环同调群. 它们和非约化情形的关系可以表述为

$$HC_{2p}(A) = k \oplus \overline{HC}_{2p}(A),$$
$$HC_{2p+1}(A) = \overline{HC}_{2p+1}(A)$$

(参见 7. ,习题 3°)

**引理 13.15.** 按

$$\mu(a_0, \cdots, a_p) = a_0 da_1 \cdots da_p$$

定义的映射 $\mu: \bar{Z}_p(A) \to \Omega_p(A)$ 是一个同构,并且

$$\mu b(a_0, \cdots, a_{p+1}) = (-1)^p[\mu(a_0, \cdots, a_p), a_{p+1}].$$

证. 对于 $p=1$, 定义映射

$$\nu: \Omega_1(A) \to \bar{Z}_1(A)$$

为 $\nu(a_0 da_1) = a_0 \otimes (a_1 - \varepsilon(a_1))$, 则 $\nu$ 是 $\mu$ 的逆映射.

如果规定 $\bar{Z}_1(A)$ 的右 $A$-模结构如下

$$(a_0, a_1) \cdot a = (a_0, a_1 a) - (a_0 a_1, a),$$

则 $\nu$ 和 $\mu$ 都是 $A$-双模同态,并且

$$\bar{Z}_p(A) = \bar{Z}_1(A)\otimes_A\cdots\otimes_A\bar{Z}_1(A),$$
$$\Omega_p(A) = \Omega_1(A)\otimes_A\cdots\otimes_A\Omega_1(A),$$
$$\mu(a_0, \cdots, a_p) = \mu(a_0, a_1)\otimes\mu(1, a_2)\otimes\cdots\otimes\mu(1, a_p).$$
至此，通过直接验证可以证实引理中关于映射 $\mu b$ 的公式. ∎

仍设 $A$ 是一个增广 $k$-代数，$(\Omega_*(A), d)$ 是它相应的代数形式的复合形. 定义映射
$$b: \Omega_{p+1}(A) \to \Omega_p(A),$$
如下
$$b(\omega\, da_{p+1}) = (-1)^p[\omega, a_{p+1}].$$
它的余核是
$$\tilde{\Omega}_p(A) = \Omega_p(A)/[\Omega_p(A), A].$$
(13.15)中定义的映射 $\mu$ 诱导同构
$$\mu: \bar{Z}_p(A)/b\bar{Z}_p(A) \xrightarrow{\cong} \tilde{\Omega}_p(A).$$
实际上，$\bar{\Omega}_p(A)$ 可看成是 $\tilde{\Omega}_p(A)$ 的商模. 严格些说，令
$$\sigma_p: \Omega_p(A) \to \Omega_p(A)$$
为循环轮换
$$\sigma_p(a_0da_1\cdots da_p) = (-1)^{p-1}da_p\, a_0\, da_1\cdots da_{p-1},$$
它诱导 $\tilde{\Omega}_p(A)$ 的一个 $k$-模自同态，并且
$$\bar{\Omega}_p(A) = \mathrm{Cok}\{\tilde{\Omega}_p(A) \xrightarrow{1-\sigma_p} \tilde{\Omega}_p(A)\}.$$
此外，因为 $p$ 在 $k$ 中可逆，模元素 $N_p = 1 + \sigma_p + \cdots + \sigma_p^{p-1}$ 诱导同构
$$(13.16)\qquad N_p: \mathrm{Cok}(1-\sigma_p) \xrightarrow{\cong} \mathrm{Ker}(1-\sigma_p).$$
引理 13.15 中的映射 $\mu$ 又诱导同构
$$\bar{C}_p(A)/b\bar{C}_{p+1}(A) \xrightarrow{\bar{\mu}} \bar{\Omega}_p(A)/d\bar{\Omega}_{p-1}(A).$$
为了说明这一点，我们构造它的逆映射 $\theta$ 如下. 设
$$\theta: \Omega_p(A) \to \bar{C}_p(A)/b\bar{C}_{p+1}(A)$$
为映射
$$\theta(a_0\, da_1\cdots da_p) = (a_0 - \varepsilon(a_0), a_1, \cdots, a_p),$$

对于 $i \geqslant 1$, $a_i \in \bar{A}$.

它可以分解为复合同态

$$\Omega_p(A) \to \tilde{\Omega}_p(A) \to \bar{\Omega}_p(A) \xrightarrow{\theta} \bar{C}_p(A)/b\bar{C}_{p+1}(A),$$

其中前两个映射是明显的商模同态. 显然 $\theta(d\bar{\Omega}_{p-1}(A)) = 0$,这样我们得到 $\bar{\mu}$ 的逆映射

(13.17) $\quad \bar{\theta}: \bar{\Omega}_p(A)/d\bar{\Omega}_p(A) \to \bar{C}_p(A)/b\bar{C}_{p+1}(A).$

最后,我们引进映射

$$B_0: \bar{C}_p(A) \to \bar{Z}_{p+1}(A)$$

(13.18) $\quad B_0(a_0, \cdots, a_p) = \sum_{i=0}^{p} (-1)^{ip}(a_i, \cdots, a_p, a_0, \cdots, a_{i-1}).$

**引理 13.19.** $B_0$ 诱导 Connes 正合序列(7.18)中的边缘同态

$$B: \bar{H}C_p(A) \to HH_{p+1}(A).$$

证. 序列(7.18)来源于链复形正合序列

$$0 \to \mathscr{D}_* \to \mathscr{C}_{0,*} \to \mathscr{C}_{*-2} \to 0,$$

其中 $\mathscr{D}_*$ 由(7.15)中双阶复形 $\mathscr{C}_{*,*}$ 的头两列组成. 我们只关心上述链复形短正合序列所诱导的同调正合序列中的边缘同态.

参见(7.16)后面的讨论,复合映射

$$\pi: \mathscr{C}_* \to \mathscr{C}_{0,*} \to \bar{C}_*(A)$$

是链同伦等价. 这里第一个同态是到第一列 $\mathscr{C}_{0,*}$ 的投射, 第二个同态则是明显的商映射.

$\mathscr{C}_{*,*}(A)$ 的所有第二列都零调. 事实上

$$s(a_0, \cdots, a_p) = (1, a_0, \cdots, a_p)$$

是(7.15)中链复形 $(A^{(*)}, -b')$ 的一个收缩同伦. 设

$$X = \sum_{i=0}^{p} X_{i+2,p-i} \in \mathscr{C}_{*,*}(A)$$

是 $\mathscr{C}_{*-2}(A) = \mathscr{C}_*(A)/\mathscr{D}_*(A)$ 中的一个闭链. 如果起始项 $X_{2,p} = (a_0, \cdots, a_p)$, 则 $B([X])$ 的代表链是

$$\pi((1-t)sN(a_0, \cdots, a_p)) \in \bar{C}_{p+1}(A).$$

由于 $N = 1 + t + \cdots + t^{p-1}$, $t(a_0, \cdots, a_p) = (-1)^p(a_p,$

$a_0, \cdots, a_{p-1})$，上面的元素恰好是 $B_0(a_0, \cdots, a_p)$.

**命题 13.20.** 存在短正合序列

$$0 \to \bar{H}_p^{dR}(A) \xrightarrow{\bar{\theta}} \overline{HC}_p(A) \xrightarrow{B} HH_{p+1}(A).$$

**证.** 根据(13.19),我们有交换图

$$\begin{array}{ccccccc} 0 \to \overline{HC}_p(A) & \to & \bar{C}_p(A)/b\bar{C}_{p+1}(A) & \xrightarrow{b} & \bar{C}_{p-1}(A) \\ \downarrow B & & \downarrow \bar{B}_0 & & \downarrow B_0 \\ 0 \to HH_{p+1}(A) & \to & \bar{Z}_{p+1}(A)/b\bar{Z}_{p+2}(A) & \xrightarrow{b} & Z_p(A). \end{array}$$

因此,我们只要证明 $B_0$ 是单射,并且 Ker $\bar{B}_0 \cong \bar{H}_p^{dR}(A)$ 就够了.
由于复合同态

$$\bar{C}_{p-1}(A) \xrightarrow{B_0} \bar{Z}_p(A) \xrightarrow{m} \bar{C}_{p-1}(A)$$

$$m(a_0, \cdots, a_p) = (a_0a_1, \cdots, a_p)$$

相当于用 $p$ 做乘法,所以第一个断言成立.

考虑交换图

$$\begin{array}{ccccc} \bar{\Omega}_p(A)/d\bar{\Omega}_{p-1}(A) & \xrightarrow{d} & \bar{\Omega}_{p+1}(A) & \xrightarrow{N_p} & \tilde{\Omega}_{p+1}(A) \\ \downarrow \bar{\theta} & & & & \cong \downarrow \mu \\ \bar{C}_p(A)/b\bar{C}_{p+1}(A) & & \xrightarrow{\bar{B}_0} & & \bar{Z}_{p+1}(A)/b\bar{Z}_{p+1}(A). \end{array}$$

由于映射 $N_p$: $\bar{\Omega}_{p+1}(A) \to \tilde{\Omega}_{p+1}(A)$ 是单射(见(13.16)),第二个断言也成立. ▌

以上,我们一直假定 $A$ 是增广的. 若不然,我们可以令 $A^+ = A \oplus k$. 通过到 $k$ 的投射, $A^+$ 是一个增广代数,并且 $\bar{A}^+ = A$. 在这种意义下命题(13.20) 表述了 $\bar{H}_*^{dR}(A^+)$ 和 $HC_*(A)$ 之间的关系.

# 参 考 文 献


[A] M. F. Atiyah
K-theory, Benjamin, New York 1967.

[AB] M. F. Atiyah, R. Bott
The Lefschetz fixed point theorem for elliptic complexes, I, *Ann. of Math.*, 86 (1967), 374—407.

[AS] M. F. Atiyah, I. M. Singer
The index of elliptic operators I, III, *Ann. of Math.* **87** (1968), 484—530, 546—604.

[BT] R. Bott, L. W. Tu
Differential forms in algebraic topology, GTM 82, Springer, 1982.

[CF] P. E. Conner, E. E. Floyd
The relation of cobordism to Ktheories, LNM 28, Springer, 1966.

[C] A. Connes
Non commutative differential geometry, Part I, II, Preprint I. H. E. S. 1982, 1983.

[D] J. Dupont
Curvature and characteristic classes, LNM 640, Springer 1978.

[G] M. J. Greenberg, J. R. Harper
Algebraic topology, a first course, Benjamin, MLN 58, 1981.

[J] J. D. S. Jones
Cyclic homology and equivariant homology, Preprint, Warwick, 1985.

[K] M. Karoubi
Homologie cyclic et K-theorie I, II, Preprint, Université Paris VII, 1984, 1985.

[KN] S. Kobayashi, K. Nomizu
Foundations of differential geometry I, Interscience Publ., 1969.

[L] B. Lawson
The theory of gauge fields in four manifolds CBMS 58, Amer. Math. Soc., Providence, 1085.

[LQ] J. L. Loday, D. Quillen
Cyclic homology and the Lie algebra of matrices, Comm. Math. Helv., 1986.

[ML] S. Mac Lane
Homology, Springer, 1983.

[MM] I. Madsen, J. Milgram
The classifying spaces for surgery and cobordism of manifolds, Ann. of Math. Studies 92, Princeton University Press, 1979.

[MS] J. Milnor, J. Stasheff
Characteristic Classes, Ann. of Math. Studies 76, Princeton University Press, 1974.

[S] E. H. Spanier
Algebraic Topology, McGraw Hill, 1966.

[SW] R. Swan
Vector bundles and projective modules, *Trans. AMS*, **105** (1962), 264—277.

[T] B. L. Tsygan
Homology of Lie algebras of matrices over rings and Hochschild homologies, *Uspehi Math. Nauk.*, **38** (1983), 217—218.

[W] F. W. Warner
Foundations of differentiable manifolds and Lie groups, Scott, Foresman and Co., Glenview, 1971.

# 《现代数学基础丛书》已出版书目


1 数理逻辑基础(上册) 1981.1 胡世华 陆钟万 著

2 数理逻辑基础(下册) 1982.8 胡世华 陆钟万 著

3 紧黎曼曲面引论 1981.3 伍鸿熙 吕以辇 陈志华 著

4 组合论(上册) 1981.10 柯 召 魏万迪 著

5 组合论(下册) 1987.12 魏万迪 著

6 数理统计引论 1981.11 陈希孺 著

7 多元统计分析引论 1982.6 张尧庭 方开泰 著

8 有限群构造(上册) 1982.11 张远达 著

9 有限群构造(下册) 1982.12 张远达 著

10 测度论基础 1983.9 朱成熹 著

11 分析概率论 1984.4 胡迪鹤 著

12 微分方程定性理论 1985.5 张芷芬 丁同仁 黄文灶 董镇喜 著

13 傅里叶积分算子理论及其应用 1985.9 仇庆久 陈恕行 是嘉鸿 刘景麟 蒋鲁敏 编

14 辛几何引论 1986.3 J.柯歇尔 邹异明 著

15 概率论基础和随机过程 1986.6 王寿仁 编著

16 算子代数 1986.6 李炳仁 著

17 线性偏微分算子引论(上册) 1986.8 齐民友 编著

18 线性偏微分算子引论(下册) 1992.1 齐民友 徐超江 编著

19 实用微分几何引论 1986.11 苏步青 华宣积 忻元龙 著

20 微分动力系统原理 1987.2 张筑生 著

21 线性代数群表示导论(上册) 1987.2 曹锡华 王建磐 著

22 模型论基础 1987.8 王世强 著

23 递归论 1987.11 莫绍揆 著

24 拟共形映射及其在黎曼曲面论中的应用 1988.1 李 忠 著

25 代数体函数与常微分方程 1988.2 何育赞 萧修治 著

26 同调代数 1988.2 周伯壎 著

27 近代调和分析方法及其应用 1988.6 韩永生 著

28 带有时滞的动力系统的稳定性 1989.10 秦元勋 刘永清 王 联 郑祖庥 著

29 代数拓扑与示性类 1989.11 [丹麦] I.马德森 著

30 非线性发展方程 1989.12 李大潜 陈韵梅 著

31　仿微分算子引论　1990.2　陈恕行　仇庆久　李成章　编
32　公理集合论导引　1991.1　张锦文　著
33　解析数论基础　1991.2　潘承洞　潘承彪　著
34　二阶椭圆型方程与椭圆型方程组　1991.4　陈亚浙　吴兰成　著
35　黎曼曲面　1991.4　吕以辇　张学莲　著
36　复变函数逼近论　1992.3　沈燮昌　著
37　Banach 代数　1992.11　李炳仁　著
38　随机点过程及其应用　1992.12　邓永录　梁之舜　著
39　丢番图逼近引论　1993.4　朱尧辰　王连祥　著
40　线性整数规划的数学基础　1995.2　马仲蕃　著
41　单复变函数论中的几个论题　1995.8　庄圻泰　杨重骏　何育赞　闻国椿　著
42　复解析动力系统　1995.10　吕以辇　著
43　组合矩阵论(第二版)　2005.1　柳柏濂　著
44　Banach 空间中的非线性逼近理论　1997.5　徐士英　李　冲　杨文善　著
45　实分析导论　1998.2　丁传松　李秉彝　布　伦　著
46　对称性分岔理论基础　1998.3　唐　云　著
47　Gel'fond-Baker 方法在丢番图方程中的应用　1998.10　乐茂华　著
48　随机模型的密度演化方法　1999.6　史定华　著
49　非线性偏微分复方程　1999.6　闻国椿　著
50　复合算子理论　1999.8　徐宪民　著
51　离散鞅及其应用　1999.9　史及民　编著
52　惯性流形与近似惯性流形　2000.1　戴正德　郭柏灵　著
53　数学规划导论　2000.6　徐增堃　著
54　拓扑空间中的反例　2000.6　汪　林　杨富春　编著
55　序半群引论　2001.1　谢祥云　著
56　动力系统的定性与分支理论　2001.2　罗定军　张　祥　董梅芳　著
57　随机分析学基础(第二版)　2001.3　黄志远　著
58　非线性动力系统分析引论　2001.9　盛昭瀚　马军海　著
59　高斯过程的样本轨道性质　2001.11　林正炎　陆传荣　张立新　著
60　光滑映射的奇点理论　2002.1　李养成　著
61　动力系统的周期解与分支理论　2002.4　韩茂安　著
62　神经动力学模型方法和应用　2002.4　阮　炯　顾凡及　蔡志杰　编著
63　同调论——代数拓扑之一　2002.7　沈信耀　著
64　金兹堡-朗道方程　2002.8　郭柏灵　黄海洋　蒋慕容　著

65　排队论基础　2002.10　孙荣恒　李建平　著
66　算子代数上线性映射引论　2002.12　侯晋川　崔建莲　著
67　微分方法中的变分方法　2003.2　陆文端　著
68　周期小波及其应用　2003.3　彭思龙　李登峰　谌秋辉　著
69　集值分析　2003.8　李　雷　吴从炘　著
70　强偏差定理与分析方法　2003.8　刘　文　著
71　椭圆与抛物型方程引论　2003.9　伍卓群　尹景学　王春朋　著
72　有限典型群子空间轨道生成的格(第二版)　2003.10　万哲先　霍元极　著
73　调和分析及其在偏微分方程中的应用(第二版)　2004.3　苗长兴　著
74　稳定性和单纯性理论　2004.6　史念东　著
75　发展方程数值计算方法　2004.6　黄明游　编著
76　传染病动力学的数学建模与研究　2004.8　马知恩　周义仓　王稳地　靳　祯　著
77　模李超代数　2004.9　张永正　刘文德　著
78　巴拿赫空间中算子广义逆理论及其应用　2005.1　王玉文　著
79　巴拿赫空间结构和算子理想　2005.3　钟怀杰　著
80　脉冲微分系统引论　2005.3　傅希林　闫宝强　刘衍胜　著
81　代数学中的 Frobenius 结构　2005.7　汪明义　著
82　生存数据统计分析　2005.12　王启华　著
83　数理逻辑引论与归结原理(第二版)　2006.3　王国俊　著
84　数据包络分析　2006.3　魏权龄　著
85　代数群引论　2006.9　黎景辉　陈志杰　赵春来　著
86　矩阵结合方案　2006.9　王仰贤　霍元极　麻常利　著
87　椭圆曲线公钥密码导引　2006.10　祝跃飞　张亚娟　著
88　椭圆与超椭圆曲线公钥密码的理论与实现　2006.12　王学理　裴定一　著
89　散乱数据拟合的模型、方法和理论　2007.1　吴宗敏　著
90　非线性演化方程的稳定性与分歧　2007.4　马　天　汪宁宏　著
91　正规族理论及其应用　2007.4　顾永兴　庞学诚　方明亮　著
92　组合网络理论　2007.5　徐俊明　著
93　矩阵的半张量积:理论与应用　2007.5　程代展　齐洪胜　著
94　鞅与 Banach 空间几何学　2007.5　刘培德　著
95　非线性常微分方程边值问题　2007.6　葛渭高　著
96　戴维-斯特瓦尔松方程　2007.5　戴正德　蒋慕蓉　李栋龙　著
97　广义哈密顿系统理论及其应用　2007.7　李继彬　赵晓华　刘正荣　著
98　Adams 谱序列和球面稳定同伦群　2007.7　林金坤　著

99 矩阵理论及其应用 2007.8 陈公宁 编著
100 集值随机过程引论 2007.8 张文修 李寿梅 汪振鹏 高 勇 著
101 偏微分方程的调和分析方法 2008.1 苗长兴 张 波 著
102 拓扑动力系统概论 2008.1 叶向东 黄 文 邵 松 著
103 线性微分方程的非线性扰动(第二版) 2008.3 徐登洲 马如云 著
104 数组合地图论(第二版) 2008.3 刘彦佩 著
105 半群的 $S$-系理论(第二版) 2008.3 刘仲奎 乔虎生 著
106 巴拿赫空间引论(第二版) 2008.4 定光桂 著
107 拓扑空间论(第二版) 2008.4 高国士 著
108 非经典数理逻辑与近似推理(第二版) 2008.5 王国俊 著
109 非参数蒙特卡罗检验及其应用 2008.8 朱力行 许王莉 著
110 Camassa-Holm 方程 2008.8 郭柏灵 田立新 杨灵娥 殷朝阳 著
111 环与代数(第二版) 2009.1 刘绍学 郭晋云 朱 彬 韩 阳 著
112 泛函微分方程的相空间理论及应用 2009.4 王 克 范 猛 著
113 概率论基础(第二版) 2009.8 严士健 王隽骧 刘秀芳 著
114 自相似集的结构 2010.1 周作领 瞿成勤 朱智伟 著
115 现代统计研究基础 2010.3 王启华 史宁中 耿 直 主编
116 图的可嵌入性理论(第二版) 2010.3 刘彦佩 著
117 非线性波动方程的现代方法(第二版) 2010.4 苗长兴 著
118 算子代数与非交换 $L_p$ 空间引论 2010.5 许全华 吐尔德别克 陈泽乾 著
119 非线性椭圆型方程 2010.7 王明新 著
120 流形拓扑学 2010.8 马 天 著
121 局部域上的调和分析与分形分析及其应用 2011.4 苏维宜 著
122 Zakharov 方程及其孤立波解 2011.6 郭柏灵 甘在会 张景军 著
123 反应扩散方程引论(第二版) 2011.9 叶其孝 李正元 王明新 吴雅萍 著
124 代数模型论引论 2011.10 史念东 著
125 拓扑动力系统——从拓扑方法到遍历理论方法 2011.12 周作领 尹建东 许绍元 著
126 Littlewood-Paley 理论及其在流体动力学方程中的应用 2012.3 苗长兴 吴家宏 章志飞 著
127 有约束条件的统计推断及其应用 2012.3 王金德 著
128 混沌、Mel'nikov 方法及新发展 2012.6 李继彬 陈凤娟 著
129 现代统计模型 2012.6 薛留根 著
130 金融数学引论 2012.7 严加安 著
131 零过多数据的统计分析及其应用 2013.1 解锋昌 韦博成 林金官 著

132　分形分析引论　2013.6　胡家信　著

133　索伯列夫空间导论　2013.8　陈国旺　编著

134　广义估计方程估计方程　2013.8　周　勇　著

135　统计质量控制图理论与方法　2013.8　王兆军　邹长亮　李忠华　著

136　有限群初步　2014.1　徐明曜　著

137　拓扑群引论(第二版)　2014.3　黎景辉　冯绪宁　著

138　现代非参数统计　2015.1　薛留根　著